战略性新兴领域"十四五"高等教育系列教材

天然生物材料仿生设计

主　编　任丽丽　宋　伟
副主编　常志勇　王丽岩　王　丽
参　编　吴　楠　代青青　王　帅
　　　　王泽宇　徐　健　张　立
　　　　贺乾城

机械工业出版社

本书是教育部战略性新兴领域"十四五"高等教育系列教材"新材料"领域建设教材。全书共6章,包括天然生物材料的基础知识、基于天然生物材料结构或性能等的仿生设计方法、仿生设计实例等。

天然生物材料的基础知识包括典型天然生物材料贝壳、竹、木材、蜘蛛丝和骨的化学组成、组织结构、形成机理和性能特征;基于天然生物材料结构或性能等的仿生设计方法包括基于天然生物材料化学成分、组织结构、优异性能的仿生材料制备方法和性能表征手段;仿生设计实例包括仿贝壳材料、仿竹材料、仿木材料、仿蜘蛛丝材料和仿骨材料,以及仿生材料在工程中的应用现状和发展趋势。

本书可以作为普通高等院校仿生科学与工程专业本科生、研究生的教学用书,也可供从事相关领域研究的科技人员及高等院校相关专业的师生参考。

图书在版编目(CIP)数据

天然生物材料仿生设计 / 任丽丽,宋伟主编.
北京:机械工业出版社,2024.11. --(战略性新兴领域"十四五"高等教育系列教材). -- ISBN 978-7-111-77065-7

Ⅰ.TB39

中国国家版本馆CIP数据核字第2024G9Y609号

机械工业出版社(北京市百万庄大街22号 邮政编码100037)
策划编辑:赵亚敏　　　　　责任编辑:赵亚敏
责任校对:韩佳欣　李　杉　封面设计:张　静
责任印制:刘　媛
北京中科印刷有限公司印刷
2024年11月第1版第1次印刷
184mm×260mm・9印张・222千字
标准书号:ISBN 978-7-111-77065-7
定价:39.00元

电话服务	网络服务
客服电话:010-88361066	机 工 官 网:www.cmpbook.com
010-88379833	机 工 官 博:weibo.com/cmp1952
010-68326294	金 书 网:www.golden-book.com
封底无防伪标均为盗版	机工教育服务网:www.cmpedu.com

前　言

材料是人类赖以生存和发展的物质基础。20世纪70年代，人们把信息、材料和能源誉为当代文明的三大支柱；20世纪80年代，以高技术群为代表的新技术革命，又把新材料、信息技术和生物技术并列为新技术革命的重要标志。这主要是因为材料与国民经济建设、国防建设和人民生活密切相关。进入21世纪后，新一代材料风起云涌，信息、能源、生物等领域的革命和颠覆，无一例外地依赖于材料的研究突破。材料学是一门研究材料的组成、结构、制备工艺及其性能和应用之间相互关系的学科。它为材料的设计、制造、工艺优化和合理使用提供了科学依据。现代材料学不仅注重各类材料本身的特性，还强调不同材料之间的交叉性和综合性。材料学的基础理论部分涵盖了材料的性能、结构、制备方法、相图等内容。通过这些基础理论的学习，可以掌握材料在不同条件下的行为规律，从而更好地进行材料设计和改进。

材料学的内容非常广泛，包括金属材料、无机非金属材料、高分子材料、复合材料等多种类型。每种材料都有其独特的性质和应用领域。材料学还涉及材料的生产过程，即从原料到成品的全过程。随着科技的发展，新材料不断涌现，如纳米材料、智能材料等，它们在信息技术、生物医学、能源存储等领域展现出巨大的潜力。因此，材料学的研究不仅限于传统的金属、陶瓷和高分子材料，还包括新兴材料的研究与开发。总之，作为一门基础性学科，材料学的发展对于推动科技进步和社会发展具有重要意义。它不仅是理工科学生的重要专业课，也是从事相关研究和生产的科研人员与工程技术人员必须具备的基本知识体系。通过系统地学习材料学，可以全面了解材料世界的概貌，并为未来的研究和发展打下坚实的基础。为了开阔专业视野，培养复合型人才，促进天然生物材料在我国的研究和应用，适应天然生物材料的发展趋势，更全面地反映生物材料的最新科技成果，本书介绍了五种天然生物材料，便于读者掌握目前天然生物材料的最新发展现状。

本书的第1章为天然生物材料的基础知识，阐述天然生物材料的概念、分类、研究现状与应用前景及其仿生设计发展趋势；第2章为贝壳材料及其仿生设计，阐述了贝壳材料的化学组成、组织结构、性能和基于贝壳材料的仿生设计；第3章为竹材料及其仿生设计，阐述了竹材料的化学组成、组织结构、性能和基于竹材料的仿生设计；第4章为木材及其仿生设计，阐述了木材的化学组成、组织结构、性能和基于木材的仿生设计；第5章为蜘蛛丝材料及其仿生设计，阐述了蜘蛛丝的化学组成、组织结构、性能和基于蜘蛛丝材料的仿生设计；第6章是骨材料及其仿生设计，阐述了骨材料的化学组成、组织结构、性能和基于骨材料的仿生设计。

本书不仅涵盖了天然生物材料的成分、组织结构和形成机制，还深入探讨了仿生材料的设计、制备及其性能。书中精选了大量的设计案例，为读者提供了实际操作的参考和灵感来源。这些案例不仅能够帮助学生掌握理论知识，还能开拓他们的设计视野。通过"学习—仿生—研讨"的交互过程，融合了生物化学、分子生物学、基因工程等多学科知识，引导学生运用科学思维解决合成生物学问题。本书的目标是使学生不仅掌握专业知识，还能通过分析具体仿生实例感受到科技进步带来的便利和环保知识，增强他们的专业认同感和文化自信，树立正确的价值观和理想信念，为实现中华民族伟大复兴贡献力量。

本书第1章由任丽丽、常志勇、吴楠撰写，第2章由宋伟、王丽岩、王泽宇撰写，第3章由任丽丽、王帅、宋伟撰写，第4章由常志勇、王帅、徐健、代青青撰写，第5章由吴楠、宋伟、王丽岩撰写，第6章由宋伟、王丽、王泽宇撰写。书中各章节图片由吴楠、王帅、王泽宇、徐健、张立、贺乾城绘制。全书由任丽丽统稿。

本书为吉林大学任露泉院士主持的教育部战略性新兴领域"十四五"高等教育系列教材之一，在出版过程中得到了机械工业出版社的支持和帮助，特别感谢出版社编辑对本书所做出的贡献。本书的编写参考了相关文献资料，在此向原作者表示衷心的感谢。

由于天然生物材料所涉及的内容广泛，加之编者的水平有限，本书难免存在不足和疏漏，恳请读者不吝指正。

作　者

目 录

前言
第1章 绪论 ······ 1
1.1 天然生物材料简介 ······ 1
1.1.1 天然纤维 ······ 1
1.1.2 生物组织 ······ 2
1.1.3 结构蛋白 ······ 3
1.1.4 生物矿物 ······ 3
1.2 天然生物材料的分类 ······ 4
1.2.1 按照来源分类 ······ 4
1.2.2 按照性能分类 ······ 4
1.3 天然生物材料的研究现状及应用前景 ······ 4
1.4 基于天然生物材料仿生设计的发展展望 ······ 7
思考题 ······ 9

第2章 贝壳材料及其仿生设计 ······ 10
2.1 贝壳材料的化学组成 ······ 10
2.1.1 元素组成 ······ 11
2.1.2 矿物组成 ······ 11
2.1.3 有机组成 ······ 11
2.2 贝壳的组织结构 ······ 12
2.2.1 棱柱层 ······ 13
2.2.2 珍珠层 ······ 15
2.2.3 交叉片层 ······ 16
2.3 贝壳的性能 ······ 17
2.3.1 力学性能 ······ 18
2.3.2 韧化机制 ······ 18
2.4 基于贝壳材料的仿生设计 ······ 21
2.4.1 仿生层状复合陶瓷材料 ······ 21
2.4.2 仿生矿化沉积薄膜 ······ 25
2.4.3 金属基仿贝壳材料 ······ 26
2.4.4 仿贝壳材料的实例和应用前景 ······ 29
思考题 ······ 36

第3章 竹材料及其仿生设计 ······ 37
3.1 竹材料的化学组成 ······ 37
3.2 竹材料的组织结构 ······ 43
3.2.1 竹材料的宏观结构 ······ 43
3.2.2 竹材料的微观组织结构 ······ 43
3.2.3 竹材料的结构特征 ······ 46
3.3 竹材料的性能 ······ 48
3.3.1 力学性能 ······ 48
3.3.2 磨损性能 ······ 56
3.3.3 振动阻尼性能 ······ 56
3.4 基于竹材料的仿生设计 ······ 59
3.4.1 仿竹薄壁结构材料 ······ 59
3.4.2 仿竹层压单板复合材料 ······ 62
3.4.3 仿竹炭纤维复合材料 ······ 64
3.4.4 仿竹轻质减振层压结构材料 ······ 65
3.4.5 仿竹超级电容器结构材料 ······ 65
思考题 ······ 68

第4章 木材及其仿生设计 ······ 69
4.1 木材的种类 ······ 69
4.2 木材的化学组成 ······ 70
4.3 木材的结构特点 ······ 72
4.3.1 木材的组织结构 ······ 72
4.3.2 木材的细胞形态 ······ 73
4.3.3 木材的孔隙结构 ······ 74
4.4 木材的性能 ······ 75
4.4.1 力学性能 ······ 75
4.4.2 声学性能 ······ 76
4.4.3 热学性能 ······ 77
4.4.4 电学性能 ······ 78
4.5 基于木材的仿生设计 ······ 80
4.5.1 仿木材陶瓷材料 ······ 80
4.5.2 仿木材电池材料 ······ 83
4.5.3 仿木材结构材料 ······ 85
思考题 ······ 86

第5章 蜘蛛丝材料及其仿生设计 ······ 87
5.1 蜘蛛丝的化学组成 ······ 89
5.2 蜘蛛丝的组织结构 ······ 90
5.2.1 蜘蛛丝的种类 ······ 90
5.2.2 蜘蛛丝的微观结构 ······ 94
5.3 蜘蛛丝的性能 ······ 97

5.3.1 力学性能 …… 97
5.3.2 超收缩性能 …… 98
5.3.3 热学性能 …… 99
5.3.4 变色性能 …… 100
5.4 基于蜘蛛丝材料的仿生设计 …… 101
5.4.1 仿蜘蛛丝纺织材料 …… 101
5.4.2 仿蜘蛛丝医用材料 …… 102
5.4.3 仿蜘蛛丝高性能材料 …… 103
5.4.4 仿蜘蛛丝机器人 …… 104
5.4.5 仿蜘蛛丝膜材料 …… 106
思考题 …… 108

第6章 骨材料及其仿生设计 109

6.1 骨的形态特征 …… 109
6.2 骨材料的化学组成 …… 111
6.2.1 骨组织的细胞组成 …… 111
6.2.2 骨基质的化学组成 …… 112
6.3 骨的组织结构及特点 …… 113
6.3.1 骨的组织结构 …… 113
6.3.2 骨的组织结构特点 …… 114
6.4 骨材料的性能 …… 116
6.4.1 力学特性 …… 116
6.4.2 内分泌功能 …… 117
6.4.3 造血功能 …… 118
6.5 基于骨材料的仿生设计 …… 118
6.5.1 仿骨材料的基材种类 …… 119
6.5.2 基于骨结构的仿生设计 …… 121
6.5.3 仿骨材料实例及应用前景 …… 123
思考题 …… 129

参考文献 …… **130**

第1章
绪论

1.1 天然生物材料简介

天然生物材料（natural biomaterials）是2011年公布的材料科学技术名词，是在自然条件下生成的生物材料，主要包括天然纤维、生物组织、结构蛋白和生物矿物等材料。

1.1.1 天然纤维

天然纤维是自然界原有的或从人工培植的植物上、人工饲养的动物上直接取得的纺织纤维，是纺织工业的重要材料来源。全世界天然纤维的产量很大，并且在不断增加，是纺织工业的重要材料来源。尽管20世纪中叶以来合成纤维产量迅速增长，但是天然纤维在纺织纤维年总产量中仍约占50%。天然纤维来源于有机原料，根据来源可以将天然纤维分为植物纤维（主要由纤维素组成）、动物纤维（主要由蛋白质组成）、人造纤维（天然纤维素高分子经过化学处理，不改变它的化学结构，仅仅改变天然纤维素的物理结构，从而制造出来可以作为纤维应用的而且性能更好的纤维素纤维）和其他纤维。常见的天然纤维有棉、麻、毛、丝四种，如图1-1所示。

1. 棉纤维

棉纤维中的组成物质主要是天然纤维素，它决定棉纤维的主要物理、化学性质。成熟正常的棉纤维纤维素含量约为94%。另外，还含有蛋白质、脂肪、蜡质糖类等。棉纤维若含有较多的糖分，在纺纱过程中容易绕罗拉、绕胶辊等，影响工艺过程的顺利进行和产品质量，因此在纺纱前要进行降糖处理。

2. 麻纤维

麻纤维的主要组成物质是纤维素，但其纤维素的含量比棉纤维少。麻纤维中，除纤维素外还有木质素、果胶、脂肪及蜡质、灰分和糖类物质等。麻纤维的手感大都比较粗硬而不柔软，尤其是黄麻、槿麻，因此用麻类织物做成的服装穿着时有刺痒感。大麻是麻类纤维中最细软的一种，单纤维纤细而且末端分叉为钝角绒毛状，用其制作的纺织品无须经特殊处理就

图 1-1 常见的天然纤维

可避免其他麻类产品给皮肤造成的刺痒感和粗硬感。

3. 毛纤维

毛纤维的种类很多，有从绵羊身上取得的绵羊毛，山羊身上取得的山羊绒、山羊毛，骆驼身上取得的骆驼绒、骆驼毛，羊驼身上取得的羊驼毛，兔子身上取得的兔绒、兔毛，以及牛毛、马毛、牦牛毛和鹿绒等。毛纤维的主要组成物质是不溶性蛋白质，称为角蛋白。羊毛越细，其细度就越均匀，强度越高，天然卷曲多，鳞片密，光泽柔和脂肪含量高，但长度偏短。细度是决定羊毛品质好坏的重要指标。

4. 蚕丝

蚕丝的主要组成物质是丝朊，也是一种蛋白质，所以与羊毛纤维相似，但耐酸性比羊毛差，较耐弱酸而不耐碱。蚕丝具有其他纤维所不能比拟的美丽光泽，优雅悦目。

1.1.2 生物组织

组织是介于细胞与器官之间的细胞架构，由许多形态相似的细胞及细胞间质组成，因此它又被称为生物组织。多细胞生物的细胞分化产生了不同的细胞群，每个细胞群都是由许多形态相似，结构、功能相同的细胞和细胞间质联合在一起构成的，这样的细胞群称为组织。植物和动物的组织不同。生物组织跟器官不同的地方是，它不一定具备某种特定的功能。形态相似、功能相同的一群细胞和细胞间质组合起来形成组织。高级哺乳动物的组织分为上皮组织、结缔组织、肌肉组织和神经组织四种。

1. 上皮组织

上皮组织是一种由紧密排列的细胞构成的组织，主要分布在体表和腔道内壁。上皮组织分为简单上皮和复杂上皮。简单上皮由单层细胞构成,适用于物质的扩散和吸收;复杂上皮由多层细胞构成,有保护作用,可以防止外物损伤和病菌侵入,还可以分泌皮脂和汗液。

2. 结缔组织

结缔组织是由细胞和细胞外基质构成的组织,主要分布在全身各个部位。结缔组织具有填充和支持的功能,包括松散结缔组织、致密结缔组织和软骨组织等。松散结缔组织由胶原纤维和弹力纤维组成,适用于填充和连接组织;致密结缔组织由胶原纤维排列紧密而成,适用于提供强度和支撑;软骨组织由软骨细胞和胶原纤维组成,适用于缓冲和支持。

3. 肌肉组织

肌肉组织是由肌纤维构成的组织,主要分布在全身各个部位。肌肉组织具有收缩和运动的功能,包括骨骼肌、平滑肌和心肌。骨骼肌负责身体的运动和姿势的维持;平滑肌负责内脏的运动,如消化道和血管的收缩;心肌负责心脏的收缩和血液的泵送。

4. 神经组织

神经组织是由神经元和神经胶质细胞构成的组织,主要分布在中枢神经系统和周围神经系统。神经组织具有传递和处理信息的功能,包括大脑、脊髓和神经节等。神经元是神经组织的基本单位,负责传递和接收神经信号;神经胶质细胞则提供支持和保护。

1.1.3 结构蛋白

结构蛋白是构成细胞和生物体结构的重要物质,例如,羽毛、肌肉、头发、蛛丝等的成分主要是结构蛋白。其他能够完成人体生理功能的蛋白质,它们主要是完成人体的各种代谢活动,有催化蛋白、运输蛋白、免疫蛋白、调节蛋白;大多数酶的本质就是蛋白质,而酶能够作为某些生理化学反应的催化剂,所以这部分蛋白就是催化蛋白。血红蛋白就是运输蛋白,它能够携带氧。免疫蛋白有白细胞中的蛋白,还有调节蛋白等,它们中大部分都是以酶的形式存在的,只有少部分以蛋白质的形式存在,故称这一类蛋白质为功能蛋白。

结构蛋白使得原本液体状态的生物体组分具备一定的硬度和刚性。它们不仅有维持细胞形态、机械支持和负重的功能,而且在防御、保护、营养和修复方面发挥作用。多数的结构蛋白是纤维状蛋白质,如肌动蛋白和微管蛋白,它们可溶性的单体通过聚合作用可以形成长的、刚性的纤维,以组成细胞骨架,从而使得细胞具备特定的形状和大小。

1.1.4 生物矿物

经过20亿年物竞天择的优化,生物体结构几乎是完美无缺的。被生物摄入的金属离子,除构成一些具有生物活性的配合物外,还通过形成生物矿物成为构成骨骼等硬组织的重要成分。如羟基磷灰石、方解石等,从组成上看,与自然界岩石相同,因此称为"生物矿物"。生物矿物是动植物体内的无机矿物材料,如骨、牙、软体动物壳、植物维管束等。生物矿物是在特定生物条件下形成的,从而具有特殊的高级结构和组装方式。生物器官中存在的主要生物无机固体、不可溶的钙盐,如碳酸盐和磷酸盐,存在于整个生物世界,许多种沉淀物用作支撑结构或者是特殊的硬组织,其中一些出现在动物的骨骼或其他坚硬部位。

主要的生物矿物有碳酸钙和磷酸钙,它们具有高的晶格能和低的溶解性,因此在生物环境中具有很好的热力学稳定性。相反，含水的相，如草酸钙和硫酸钙，溶解性要大得多，因而并不广泛存在于生物中。

1.2 天然生物材料的分类

生物材料应用广泛，品种繁多，到目前为止，已超过一千种。依据生物材料分类标准的不同，可有不同的分类方法，体现生物材料的特点和意义。

1.2.1 按照来源分类

根据生物材料的来源不同，生物材料可分为天然材料和合成材料。天然材料又可分为生物组织材料和天然高分子材料，如纤维素、天然橡胶、胶原、明胶、纤维蛋白、甲壳素等。合成材料主要有无机材料（如合金和陶瓷等）和高分子材料（如合成纤维、塑料和橡胶等）。

天然生物材料的生物来源主要有动物、植物和微生物。

（1）动物来源的天然生物材料　包括动物组织、细胞和分泌物等。例如，从牛骨骼中提取的骨灰可以作为骨移植材料，从动物胰岛中提取的胰岛素可以作为药物治疗糖尿病。

（2）植物来源的天然生物材料　包括植物组织、提取物和精油等。例如，纤维可以用于制作纸张和纺织品，植物提取物可以用于药物制备。

（3）微生物来源的天然生物材料　包括微生物体、菌株和代谢产物等。例如，微生物发酵产生的酶可以用于生物工程和制药。

1.2.2 按照性能分类

根据生物性能的不同，生物材料可分为生物惰性材料、生物活性材料、生物可降解材料和生物复合材料4大类。

（1）生物惰性材料　主要是医用合金材料和生物陶瓷材料。在实际中，完全惰性的材料并不存在，因此生物惰性材料在机体内也只是表现为基本上不发生化学反应，与组织间的结合主要表现在组织长入其粗糙不平的表面形成一种机械嵌合，即形态的结合。

（2）生物活性材料　是一类能诱导或调节生物活性的生物医用材料。它具有增进细胞活性或新组织再生的能力，主要有羟基磷灰石、碳酸钙骨水泥、磷酸钙陶瓷纤维、生物玻璃等，应用于骨骼损伤修补和骨组织工程支架选材等。

（3）生物可降解材料　是指那些在被植入体内之后，能够不断在体内分解，而且分解产物能被生物体所吸收或排出体外的一类功能性材料。

（4）生物复合材料　品种较多，以不同的生物材料作为基体材料形成不同类型的复合材料，并广泛用于医学临床。

1.3 天然生物材料的研究现状及应用前景

天然生物材料可根据外部条件变化所提供的异常情况做出相应的改变，生存下来的生物材料的结构和性能大都符合环境要求，并成功地达到了优化的水平，进化成高度复杂和精巧的微观结构。从未来材料开发的观点出发，要搞清这些巧妙的结构，使之反馈到以材料研究与开发为主的有关问题上，进行材料的成分和结构仿生、制备方法仿生和功能仿生。人们通过不懈的努力，取得了许多发明和创新，使许多实际问题得到了解决。

20世纪以来，人们模仿蚕吐丝的过程研制了各种化学纤维的纺丝方法，此后又模仿生物纤维的吸湿性、透气性等性能研制了许多新型纤维，如牛奶蛋白质与丙烯腈共聚纤维等。这些产品的出现，标志着人类仿造生物纤维表面细微形态与内部构造取得了成功。

20世纪40年代初，瑞士发明家乔治·麦斯特拉尔有一次带小狗散步，在路上，他对粘在自己衣服及小狗皮毛上的芒刺产生了好奇。于是，他在显微镜下仔细地观察了芒刺这种自然演化而来的、通过"钩住并缠绕"在途经动物身上来帮助授粉的特点，并从中受到启发，发明了维可牢尼龙搭扣。这也许是生物模仿中最著名也是最成功的例子。

美国加州大学伯克利分校的科学家罗伯特·福尔等人发现，壁虎能够在垂直的光滑表面上来去自如，依靠的是其脚底部数百万根极细的刚毛所产生的极其微弱的分子引力。英国曼彻斯特大学的物理学家安德烈·盖姆及其同事受此启发，研制出了一种名为"壁虎带"的干燥、非黏性黏合剂，借助两个物体接触时表面产生的分子引力，它可以使人在光滑的天花板上疾步如飞，成为名副其实的"蜘蛛侠"。

美国海军研制了一种水下人造仿生"鳗鱼"。该人造仿生鳗鱼以一个水下信号发送器（该信号发送器仅有2mm厚）为基础，由一种称为聚偏氟乙烯的压电性聚合物制造而成，这种材料在进行弯曲拐折运动时能产生出一股股的电流，当它被放置在汹涌的激流中时极容易产生颤动而产生电流，从而对蓄电池进行连续的补充充电，能够较好地解决海底、水中监控装置的能源问题，为收集情报提供有力保证。

加拿大魁北克的科学家，将人工合成的蜘蛛丝蛋白质基因植入山羊的乳腺细胞中，不久，基因被改变的山羊产出的奶中就含有蜘蛛丝的蛋白质了，这种蛋白质能够制造出轻得令人难以置信的织物，而且其强度可挡住子弹，还可降解，这种材料被称为"生物钢"。生物化学家们认为，"生物钢"有广阔的应用前景，它在任何方面都优于石油化工产品。

日本一家公司通过模仿乌贼等动物的变色机制，成功开发了仿生调光材料，制成"智能玻璃"等产品。据该公司发表的研究报告指出，乌贼和章鱼等头足纲动物之所以会改变体色，是因为它们的皮肤里有色素细胞。这家公司分析并且模仿色素细胞的变色机制制成一种材料，并把这种材料置于透明物质的夹层之中，就会发挥调光作用。该公司使用这一技术开发出一种"智能玻璃"，能够感知温度的变化，把它应用在建筑物上，可发挥空调器的作用，并达到节能效果。

体育界有一个非常出名的仿鲨鱼皮游泳衣，穿上这种游泳衣可以有效地提高运动员的游泳速度，这也是一种仿生概念所得到的仿生材料。此外，还有模仿贝壳建造的大跨度薄壳建筑，模仿股骨结构建造的立柱，既消除了应力集中的区域，又可用最少的建材承受最大的载荷；模仿海豚皮肤的沟槽结构，把人工海豚皮包覆在船舰外壳上，可减少航行湍流，提高航速；在搞清森林害虫舞毒蛾性引诱激素的化学结构后，合成了一种类似有机化合物，在田间捕虫笼中使用千万分之一微克，便可诱杀雄虫；根据动物长骨形状研制出了仿生哑铃形碳化硅晶须；根据土壤动物体表对土壤的减黏降阻功能，研制出触土部件的仿生减黏降阻涂层；仿造萤火虫的荧光，人类制成了冷光源；仿贝壳珍珠层结构，成功地研制出多种层状增韧陶瓷材料，等等。

另外，目前从无机盐溶液中在金属、高分子基质上仿生沉积陶瓷膜方面已经形成了成熟技术。这些技术依赖于在功能材料的界面上晶体成核和长大的原理，成功的仿生合成需要控制无机晶体的异质成核长大从而抑制均相成核，因此，成功仿生合成的关键在于了解溶液中晶体异质成核和长大的控制因素。已经知道，如果基质成核中的界面能低于溶液与成核的界面能，那么异质成核将容易发生。近年来，通过研究牙、骨、贝壳中的生物陶瓷生长机理，采用化学改性或在溶液中加入添加剂的方法可以改变高分子基质表面能，从而可以控制所形成的晶体相的种类、形貌、晶体取向，甚至晶体生长的属性。用这种仿生合成技术已制备出高质量、致密的晶态氧化物陶瓷膜、氢氧化物陶瓷膜及硫化物陶瓷膜，这些陶瓷膜可在接近室温的温度下长在塑料等高分子材料上。用这种技术，可做出纳米陶瓷及择优取向的陶瓷晶体。

目前，虽然仿生材料的研究取得了一些可喜的结果，但总体来看仿生材料的研究还处在初级阶段，对天然生物材料结构的形成过程，以及它们是如何感知外界条件变化，并做出相应的选择来适应这些变化的机制，都还没有认识清楚。例如，关于贝壳珍珠层微观结构的形成机制，至今尚无统一认识，有"格室说""模板说""矿物桥说""细胞内成核，细胞外组装说"等多种观点。所以，从仿生学的角度来说，距离制造出一种有生理活性和智能响应的材料还相当遥远。我们现在做的智能材料仅仅是机敏材料，只能够随着环境的变化产生响应。当环境提供一个刺激响应，机敏材料可以随之有一定的响应，而真正的智能材料，是随着环境响应还具有学习、选择适应和进一步改造自己的能力，这是天然生物材料最突出的一个特点。迄今为止，智能材料这个概念仍是一种设想，还不是一种现实。

材料科学是一门与工程技术密不可分的应用科学，是现代航空航天、能源、军工、电子、医疗、环保、建筑、化工、机械等行业科学技术的先导，而仿生材料是21世纪材料研究中最具潜力、最具希望的研究方向之一，并且备受人们关注。几十亿年的进化历程使得天然生物体的某些部位巧夺天工，具有一些常人难以想象的特性。简单的原材料，经活的有机体合成后，其性能竟远远优于当今利用高科技生产出的高级人工合成物。天然生物材料是设计和制备高性能和特殊性能材料的信息宝库，科学家们企盼能从天然生物材料中获得启示并设法解开这一自然界隐藏很久的奥秘，并通过仿生手段使得某些材料设计和制备过程中的难题得到解决。

天然生物材料绝大多数是复合材料。不同材质、不同结构、不同功能的复合使得天然生物材料的特性远远超过单一常规材料，其结构和功能合理，具有很高的比强度和比模量。无论是从形态学、还是从力学的观点看，生物的结构和功能都既是非常复杂的，又是那样的精巧绝伦。这种复杂性是长期自然进化的结果，是功能适应性所决定的。对生物体而言，普遍以较大密度和较高强度的材料配置在高应力区，并以最少的结构材料来承受最大的外力，而且能根据外界条件的变化，部分地调整和改变组织结构，并具有再生的机能。而人类生产制造合成材料的过程与此有着本质的不同，人类是利用相对简单的工艺对大量复杂的混合物进行加工处理的。

材料微观结构的控制组装在自然材料界是极其普遍的，而对现代材料工程学来讲还是遥不可及的，是目前人工工程材料难以做到的。总结生物材料的有用规律，建立模型，为复合材料的研究和设计提供依据，是一种有效的方法。随着材料科学和仿生学的发展，作为交叉学科的仿生材料学经过不断积累和发展，同时在材料科学家、生物学家、医学专家的密切配合下，材料的仿生制备研究必将成为当今材料科学研究最活跃的前沿领域之一。

仿生材料为集复合化、智能化、能动化、环境化等特征为一体的新型材料。仿生材料学的发展及成功将影响到社会的各个角落。仿生医用材料将对人体器官的置换带来变革，可对生物体系统进行人为的改良；同时，仿生工程材料将使目前许多工程中难以解决的材料问题迎刃而解。

材料的仿生研究将为材料的设计、制备及性能带来革命性的变化，如利用生物合成技术在常温常压水介质中完成目前必须在高温高压恶劣环境下才能合成的产品，而且能够使材料自愈合化、智能化和环境化等，这将极大改变人类社会的面貌，对国防实力和综合国力的提高起到至关重要的作用。同时我们也必须承认仿生材料学尚处于探索时期，目前付诸实施的工程十分有限，科学家们正带着定向、导航、探测、能量转换、信息处理、生物合成、结构力学和流体力学等众多的科学难题，到生物界中去寻找启示和答案。

1.4 基于天然生物材料仿生设计的发展展望

自然界在长期的进化演变过程中，形成了具有完美结构组织形态和独特优异性能的生物材料如贝壳、骨和牙等生物矿化材料，或蚕丝、蜘蛛丝等结构蛋白，远远超出人们的想象。生物材料具有比自身单纯组成化合物，以及普通具有相似化学组成的人工材料明显优异的特性。受自然界的启发，材料研究者试图揭示生物系统中的结构特征和形成机制，从而进一步应用于材料科学设计与制备。从20世纪60年代J. Steele正式提出仿生学的概念起，仿生学作为一个学科被正式提出，生物自然复合材料及其仿生的研究在国际上引起了极大重视。

自然界中的生物体在长期的自然选择与进化过程中，其组成材料的组织结构与性能得到了持续优化与提高，从而利用简单的矿物与有机质等原材料很好地满足了复杂的力学与功能需求，使得生物体达到了对其生存环境的最佳适应。大自然是人类的良师。天然生物材料的优异特性能够为人造材料的优化设计、特别是高性能仿生材料的发展提供有益的启示。其中，功能梯度设计是生物材料普遍采用的基本性能优化策略之一。揭示自然界中的梯度设计准则与相应的性能优化机理对于指导高性能仿生梯度材料设计并促进其应用具有重要意义。

近期，沈阳材料科学国家（联合）实验室材料与加州大学伯克利分校及加州大学圣地亚哥分校合作，揭示了生物组织与材料中广泛存在的梯度结构取向特征，并提炼出了一种提高材料接触损伤抗力的仿生设计新思路，即通过控制微观组织结构取向获得梯度变化的力学性能，实现局域刚度、强度与韧性的优化分布与相互匹配，从而提高整体的力学性能。通过力学分析与数值模拟，他们建立了结构取向与各力学性能之间的定量关系，阐明了材料损伤抗力提高的机理，并指出了相应仿生梯度结构的设计方法。在此基础上，进一步总结了自然界中常见的基本功能梯度材料设计形式与原则，并以典型的生物材料为例，按照组成与成分、组织结构（包括结构单元的排列方式、空间分布、尺度和取向）、界面，以及不同类型梯度在多级结构尺度的结合与匹配的思路对生物材料中的梯度进行了具体表述与分析，归纳了梯度设计在材料性能优化中所起的作用和相应机制，如图1-2所示。同时，总结了近年来仿生梯度材料设计与应用方面取得的最新进展，特别是对3D打印等新型材料制备技术在仿生梯度材料领域的应用进行了讨论，并指出了未来天然生物材料与仿生梯度材料研究亟待解

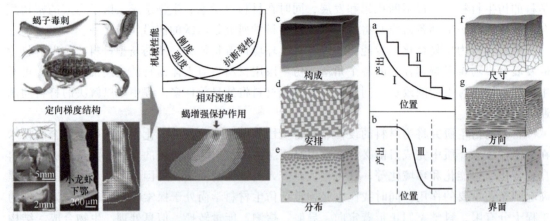

图 1-2 生物组织与材料中广泛存在的梯度结构取向特征

决的关键科学问题以及面临的挑战。

Nayeb-Hashemi 教授和他的团队发表了题为 "Biomimetic composites inspired by venous leaf" 的仿生复合材料的研究成果。他们在文章中介绍了一种受静脉叶片形态学启发的仿生复合材料设计。他们利用有限元分析的方法研究了脉络形态及其形态结构对材料面内力学性能的影响；研究了单轴载荷下该复合结构的杨氏模量、泊松比和屈服应力；还研究了不同纤维结构对以上性能的影响。他们的研究成果表明，植物叶片形态的复合材料在主纤维方向上的弹性模量随着二级纤维角度的增加呈线性增加。若二级纤维是封闭结构的，则弹性模量增强。相反的是，垂直于主纤维的复合材料的弹性模量随着二级纤维角度的增加呈指数下降趋势。二级纤维封闭与否对其影响不大。该材料屈服应力的表现与弹性模量的结果相似。除此之外，他们还注意到材料的泊松比随着二级纤维角度线性增加。当纤维总体积分数不变的情况下，三级纤维的存在与否，不会显著增强复合材料的力学性能。换句话说，复合材料的力学性能主要由二级纤维决定。

常见的天然珍珠质材料，如珠母贝及牙釉质，通常含有很高比例的矿物质（最高可达到材料体积的 95% 以上）。但是这些天然材料经常能表现出远超其矿物质成分的力学性能、耐用性能和韧性。例如，科学家发现珍珠层由 95% 的文石（一种脆性矿物质），却表现出比文石大近 3000 倍的韧性。由于其优异的力学性能和相对较轻的重量，很多科学家和工程师一直在致力于研究和模仿这些天然高矿化生物复合材料并将其运用于我们的基础设施中。通过对珍珠层微观结构的研究，科学家发现珍珠层材料是一种层状陶瓷材料。文石为主的珠光层由许多矿物薄片组成。这些矿物薄片又由有机基质材料黏合形成天然复合材料并形成了珍珠层。受软体动物贝壳和牙釉质材料结构的启发，科学家模仿并设计了由水泥和聚合物组成的类珍珠质复合材料。

水泥水合物的主要结合相是层状结构（硅酸钙水合物），也是一种类似文石的矿物，通常表现出脆性。工程师和科学家希望利用硅酸钙水合物和聚合物共同组成的复合材料，使其具有类似于珠母贝一样的韧性并利用于建筑物的抗震混凝土中。但是科学家对于硅酸水合物与聚合物界面的了解很有限，一直未能最大化利用该材料的力学性能。最近，关于硅酸钙水合物与聚合物界面的研究成果发现，聚合物和水泥晶体之间存在最佳重叠长度尺度（15nm）。在这一重叠长度下，该复合材料表现出最佳平衡的强度、韧性和刚度，为选择和加工此类复合材料提供了关键技术支持。

使用硅酸钙水合物与聚合物直接模仿珠母贝设计人造仿生复合材料时，将组成复合体系的硅酸钙薄片替换为颗粒状多孔纳米颗粒，这一改变有利于有机密封剂的有效加载和卸载，使压痕硬度与弹性模量分别增加了258%和307%。除此之外，当该材料受损时，加热受损复合材料可以触发纳米密封胶进入受损区域并实现一定程度的材料修复。该性能改善有利于降低材料的脆性，从而使其有机会被用于骨骼组织工程和水泥基础设施的修复工程，降低相关材料的维护成本。

自然界中，节肢类动物的一个共同特征是有一层坚硬又坚韧的角质层外骨骼结构。这一坚硬的铠甲可以有效地为它们阻挡外界的冲击、磨损和穿刺攻击。科学家们从中受到启发，着力于研究其材料结构和原理，从而模仿并制造出多功能耐损伤复合材料。经过研究与探索，科学家们发现节肢类动物角质层由多糖 α-壳聚糖和相关蛋白组成，其表现出一种复杂的外壳形态。结构上，外骨骼由上表皮、前表皮和下表皮组织组成。上表皮为生物起到屏障微生物的渗透作用，构成了外骨骼的主体并提供了主要的承重性质。微观结构上，蛋白质与α-几丁质分子共价结合，形成纳米纤维。多层单向的纤维层以围绕垂直于角质层表面的轴旋转呈螺旋形层状结构排布，这种结构增强了材料的扭转和弯曲刚度，有利于增强材料的损伤容忍极限和能量吸收能力。

随着科学家对仿生复合材料研究的增加，越来越多具有卓越机械属性和生物兼容性的复合材料应运而生。这些材料的出现可以补充纯天然或传统无机材料的缺陷，进而推动未来工业领域的发展。然而，将目前仿生复合材料的研究成果完全转化为工业化生产还存在诸多问题。例如，仿生复合材料的生物兼容性还需要更为丰富和长期的研究。当前的人工仿生复合材料大多仅能实现以研究为目的的实验室小规模生产，而无法进行同质化大批量工业生产，也无法复制很多复杂的几何结构。除此之外，仿生材料的研究仍然是停留在较浅薄的层面，只是对已有的生物材料加以结构上的复制，工程师和科学家期待着未来可以实现由生物定向生产制造。

思 考 题

1. 天然生物材料的主要特点是什么？
2. 天然生物材料可以应用在哪些方面？

第 2 章
贝壳材料及其仿生设计

贝壳是软体动物在环境温度与压力下将周围环境中的无机矿物（碳酸钙）与自身生成的有机物相结合制造出的天然复合材料。不同贝类的贝壳外形之间有明显差别，即使同一类也有一定差别。贝壳的形态繁多，有扇形、陀螺形、纺锤形、笠形、象牙形、盾形、头盔形等多种形态。贝壳表面状态不尽相同，有的表面光滑，有的具有放射肋。贝壳表面还有生长线，生长线细密、排列规则或不规则也是因种类不同而异。生长线和放射肋的形状变化很多，有的互相交织形成格状刻纹，或呈鳞片状和棘状突起；有的只有生长线而无放射肋；有的生长线不明显而放射肋很发达；有的生长线和放射肋都不明显，壳表光滑。

贝壳具有优异的力学性能和多尺度、多级次的砖泥组装结构，这种结构赋予了贝壳独特的力学性能和功能性。仿贝壳材料是受到自然界中贝壳结构的启发而研发的新型材料，它结合了天然贝壳的优异力学性能和环保可降解的特性，使其在轻质高强、阻燃、气障产品，以及传感器和超级电容器等领域有着广阔的应用前景。

2.1 贝壳材料的化学组成

贝壳在软体动物中普遍存在，对动物体主要起保护性屏障作用，虽然其形态千变万化，但是它们的主要组成大同小异，是不可多得的有机相与无机相相结合的典型复合材料。贝壳的形成是一种生物矿化过程，即以少量有机大分子为模板进行分子操作，高度有序地组合形成有机材料的过程。

贝壳主要由无机相和有机相组成。无机相是约 95%～99.9%的碳酸钙，如方解石、文石、球霰石等。在相同室温条件下，方解石是三种晶型中最稳定的形态，文石相对稳定，球霰石则最不稳定。碳酸钙是一种白色的结晶性物质，广泛存在于大自然天然石灰岩、海珊瑚和贝壳等中。在贝壳中，碳酸钙以晶体的形式存在，形成了优美的形态和花纹，赋予了贝壳美丽的外表。有机相由约 0.1%～5%的有机质，如蛋白质、糖蛋白、多糖、几丁质和脂质等组成。有机质主要可以分为酸（水或乙二胺四乙酸）可溶性组分、酸不溶-变性剂可溶组分和酸不溶-变性剂不溶组分。这些有机物质对贝壳的生物学功能和质地特性都有重要影响。例如，蛋白质可以影响贝壳的韧性和硬度，而多糖则可以调节贝壳的形态和结构功能。

2.1.1　元素组成

尽管贝类生活环境和方式、个体大小、身体形状、珍珠层颜色等各不相同，但它们的元素构成基本相似，主体元素是钙（Ca），约为80%（质量分数）。此外，还包括镁（Mg）、铝（Al）、钾（K）、钛（Ti）、钒（V）、铬（Cr）、铁（Fe）、锰（Mn）、钴（Co）、镍（Ni）、铜（Cu）、锌（Zn）、锗（Ge）、砷（As）、锶（Sr）、钼（Mo）、镉（Cd）、钡（Ba）、镧（La）、铈（Ce）和铅（Pb）等。

这些元素的存在增加了贝壳的复杂性和多样性，不同颜色的贝壳在金属元素含量上也有显著差异。例如，紫色贝壳中铁（Fe）的含量显著高于青色贝壳，而青色贝壳中钾（K）、镁（Mg）、锰（Mn）的含量显著高于紫色贝壳。同时，这些元素可以起到促进贝壳生长和强化贝壳结构的作用。例如，锶可以促进贝壳中碳酸钙的晶体生长，提高其质量和韧性。

2.1.2　矿物组成

组成贝壳的矿物材料有碳酸盐、磷酸盐、硫酸盐和金属氧化物等。最重要的是碳酸钙，占壳重的82%~99%；其次还有碳酸镁占0.02%~1.4%，磷酸钙占0.02%~9.5%，硫酸钙占0.2%~1.4%，三氧化二铁占0.02%~1.4%。碳酸钙晶体在自然界中存在3种晶相，即方解石、文石和球霰石，晶体形态通常为菱形、针形和球形。方解石和文石的晶体结构非常类似，主要差异表现在碳酸根 CO_3^{2-} 的位置及配位数的不同；和方解石相比，文石中CO群（碳酸根离子）旋转了30°，结果在其间形成较大的阳离子空间，使其配位数达到了9，而方解石的配位数仅为6。此外，方解石属于三方晶系，文石属于斜方晶系，球霰石属于六方晶系。

方解石和文石晶体在软体动物贝壳中普遍存在，是贝壳的主要物相。从热力学角度看，方解石比文石结构稳定。在地表条件下，碳酸钙以方解石的形态存在比较稳定，而六方晶系球霰石则非常不稳定，通常在实验室中合成，在自然界中很少见，因此在正常的生物矿化体中一般不存在，仅在少数软体动物贝壳的修复过程中报道过。

2.1.3　有机组成

贝壳中，一般含有占壳干重0.13%~5%的有机质，其主要由三种生物大分子组成。第一种是不可溶的多糖几丁质，呈β-折叠结构；第二种是一种富含甘氨酸和丙氨酸的不可溶蛋白质，具有反平行β-折叠片结构，其X射线衍射图谱与丝纤维相似；第三种是一种富含天冬氨酸等酸性氨基酸的可溶蛋白质，同样是β-折叠结构。在生物矿化过程中，酸性蛋白质对无机矿物的形成起至关重要的作用，其中的酸性侧链与钙离子有强烈的亲和作用，从而成为矿物晶体的形成核心。有机质在贝壳中的含量随贝壳的种类、贝龄、壳层和生长环境的不同而不同，如方解石层有机质中酸性氨基酸与碱性氨基酸的比例比文石层的高；同一软体动物壳的方解石层和文石层中分离得到了不同的多肽。

将贝壳用酸等去除矿物质后，根据有机基质在水中的溶解性，分为可溶有机质和不溶有机质两大类。可溶有机质只占壳干重的 0.03%~0.5%，是一个由不同种类的蛋白质组成的很复杂的多相混合体系，不同种类壳中成分相差很大。可溶有机质主要为酸性蛋白质和多糖，酸性蛋白质是一些中小分子质量的蛋白质，包括糖蛋白、磷蛋白及一些简单蛋白质；多糖主要为硫酸多糖。在可溶有机质中，蛋白质约占 60%以上；其次为磷酸盐，其在不同种类贝壳中的含量从 1%~30%不等，一般为 12%左右；硫酸盐约 0~15%，碳水化合物约 0~6%。

贝壳中不溶有机质的分子质量大得多，是一些具有疏水性的交联成分，即使在强酸强碱的作用下也不会完全溶解，一般认为不溶有机质主要由蛋白质和少量碳水化合物（几丁质）组成。在一些壳中不溶有机质完全由蛋白质组成，不存在几丁质或者几丁质的含量很低。也有研究报道在某些软体动物贝壳的不溶有机质中含有碱性蛋白质。贝壳有机质中的蛋白质是由分子质量大小、结构、酸碱度等不同的多种性质的蛋白质所组成的异相混合物。其分子质量大小从 5~500ku 不等，蛋白质的氨基酸组成有 16 种之多，其中以天冬氨酸、丙氨酸、甘氨酸为最多，其次为谷氨酸、丝氨酸、精氨酸和亮氨酸等。

贝壳有机质中蛋白质氨基酸具有以下特点：

1) 可溶有机质中酸性氨基酸含量较高，富含亲水基团。其中方解石壳中酸性氨基酸含量最高，文石壳层中的酸性氨基酸含量相对较低，但都为酸性的多阴离子蛋白质。可溶有机质酸性蛋白质结合钙时采用 β-折叠形式，结合钠时则为随机螺旋形式。

2) 与可溶有机质相比，不溶有机质富含疏水基团，趋碱性。不溶有机质酸性氨基酸含量比可溶有机质低得多；甘氨酸、缬氨酸、丙氨酸及赖氨酸含量较高，具有 β-折叠结构。

2.2 贝壳的组织结构

自然界的生物材料具有天然合理的复合结构，虽然它们的基本组成单元都是很平常的生物高分子材料和生物无机材料，但都具有优良的综合性能。生物材料可根据外部条件变化所提供的异常情况做出相应的改变，并具有自行愈合、修复和再生的机能。贝壳和珍珠为一种典型的天然生物矿化复合材料，其拥有令人类佩服的特殊组装方式，具有强韧性的最佳配合。

根据形成的方式和组成结构不同，贝壳主要分为 3 层，如图 2-1 所示。

1) 最外层为角质层，是硬蛋白质的一种，能耐酸的腐蚀。

2) 中间为棱柱层，它占据贝壳结构的大部分，由角柱状的方解石构成。角质层和棱柱层只能由外套膜背面边缘分泌而成。

3) 内层为珍珠层，由角柱状方解石构成，它由外套膜的全表面分泌形成，并随着贝类的生长而增厚，富有光泽。

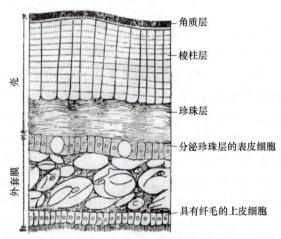

图 2-1 贝壳结构切面示意图

2.2.1 棱柱层

在众多的天然生物材料中，贝壳棱柱层由于其独特的结构、极高的强度和良好的韧性而受到广泛的关注，已成为制备轻质高强超韧性层状复合材料的模型结构。

棱柱层紧贴于角质层内侧，由垂直于贝壳壳面的极细的棱柱状晶体组成，小棱柱彼此平行，组装成整个棱柱层，棱柱纵轴垂直或稍倾斜于壳表面。棱柱层厚度为 50～2130μm，棱柱直径为 30～50μm。棱柱的排列分为两种类型：一类是棱柱单层，包括棱柱端面完整平滑和棱柱端部带有空腔两种情况；另一类排列 2～3 层棱柱构成棱柱复层，且棱柱形状不规则，常常为一端大另一端小，近似于锥体或楔形。

图 2-2 为典型的棱柱层结构。在某些贝壳棱柱层中存在明显的与棱柱纵轴垂直的生长线。在腹足纲软体动物壳中还发现，方解石棱柱由近似垂直棱柱层中生长线排列的针状小晶体（约 2μm 长）组成，如图 2-2a 所示；进一步放大，可见这些针状小晶体由呈暗色有机层包围的大、小微晶组成，微晶为鹅卵石形状，尺寸为 15～140nm，如图 2-2b 所示。

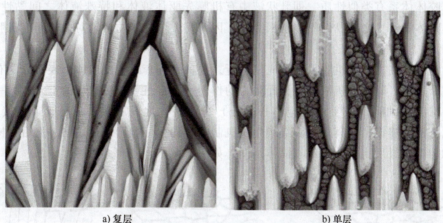

a) 复层　　　　　　　　b) 单层

图 2-2　棱柱层的典型结构

目前，关于贝壳棱柱层的形成机制研究比较少，尚没有较完善的理论形成，但有研究对其进行了探讨。观察发现，用人工制造创伤，迫使贝壳再生棱柱层，在再生棱柱层内表面上形成了离散的或者集中的有机空穴，空穴中没有被方解石等矿物质填充或填充程度远低于正常水平，如图 2-3a 所示；对于在高 Mg/Ca 比例海水中饲养的试样，壳内表面有时出现没有矿物填充的网状有机物层，如图 2-3b 所示，这些现象说明有机膜能在无矿物填充情况下开始形成。在贝壳的形成中，初始棱柱间有机膜的形成先于矿化过程，这个阶段由非常浅的空的有机空穴组成，在矿化开始时，空的有机单元高度可以达到约 5μm。因此认为，这可能是方解石棱柱层正常形成过程的开始，意味着即使棱柱层的组织结构不是全部受控于有机相，也是在很高程度上由有机相决定的。

在聚合硬化之前，刚形成的有机膜基本是具有黏弹性的，这与有机膜的起源相一致，有机膜来源于套膜上皮细胞的黏液状分泌物。黏液状分泌物由低黏性液体和特殊液体组成，这两种液体是不能混合的，液体中有连续相（有机膜网的液体先驱体）和非连续相（特殊液体）。这样的体系称为液-液乳状液，由界面张力使其形成类似泡沫的式样。虽然前面将有机

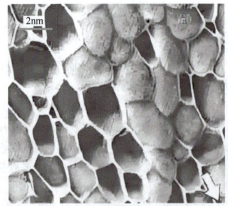 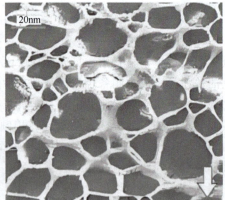

a) 再生试样　　　　　　　　b) 高Mg/Ca比例的海水中饲养的试样

图 2-3　棱柱层内表面上的有机空穴（箭头表示生长方向）

膜形成的式样和泡沫进行了比较，而不是和乳状液比较，但泡沫的气-液与黏性分泌物的液-液这两个胶体体系有类似性质，即乳状液中有机膜先驱体液体和特殊液体之间黏性的差别，与泡沫中液体和空气之间黏性的差别相类似。因此，关于泡沫的讨论对棱柱间有机膜的形成是适用的。

　　实际上，棱柱之间有机膜以两种机制进行，一种是外套膜上皮的整个表面分泌有机液体覆盖其整个表面，随后有机液体在界面张力的作用下，自组装成多边形的空穴；另一种是外套膜的特殊上皮细胞（或上皮细胞的一部分）分泌棱柱之间有机膜成分，通过接触识别，与已形成有机膜连接，使其有机膜继续生长机制的过程很可能于矿化之前，然后在棱柱之间有机膜的构建，最后生长在方解石晶体之间，如图 2-4 所示。

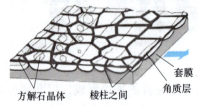  

图 2-4　方解石棱柱层形成的模型

　　棱柱层的形成过程：首先，套膜从壳中伸出和在角质层下分泌黏性有机液体和特殊的套膜液，黏性液体由表面张力作用组成多边形气泡状有机单元，形成的有机空穴单元虽然被低黏性液体和特殊液体（套膜和壳之间的液体）填充，但在短时间内并没有矿物质生成；一旦在有机空穴内的矿化开始，有机膜和方解石晶体的生长表面应当很快达到一个水平，两相的生长在同时进行；一旦套膜伸出运动停止，棱柱层就只是在厚度上增长。

　　总之，虽然方解石棱柱微观结构是一个表面上接近无机晶体的集合体，但它们的起源和生长尚待进一步研究。所观察到的完全没有矿物填充物而充分形成的有机空穴说明，有机空穴的形成领先于矿物填充物的形成，它们是棱柱层形成的控制因素。有机空穴形貌式样说明它们是靠界面张力成形的。当外套腔中液-液乳状液形成时，方解石棱柱层开始形成。其中，构成乳状液的是两种液体：一种是具有有机黏性的或是黏弹性的液体（乳状液的连续相），是来自套膜边缘上皮的黏液似的分泌物；另一种是特殊液体（乳状液的非连续相）。界面张力使连续相形成典型穴状式样的有机膜，有机膜可能立刻发生聚合变硬，从而获得它们基本的弹性性能。当有机空穴形成后不久，在其内部的方解石晶体开始生长，很快填平有机膜的分泌表面。从此，方解石棱柱表现为竞争生长，使棱柱数量向壳内逐渐减少，且直径变粗；有时这种竞争生长会被抑制，特别是有机膜较厚时更是如此，这时棱柱的形态为典型柱状。

2.2.2 珍珠层

珍珠层的结构珍珠层是软体动物贝壳中普遍发育的一种结构单元，尤其在双壳类、腹足类及头足类的贝壳中发育得最为普遍。珍珠层（又称珍珠母）是由一些小平板状结构单元平行累积而成，它平行于贝壳表面，就像建筑墙壁的砖块一样相互堆砌镶嵌，成层排列，其厚度可达 $120\sim1140\mu m$。根据文石板片堆砌方式的不同，珍珠层的形成可分为砖墙型（图2-5）及堆垛型或叫"圣诞树"形（图2-6）两类，但它们横断面形态是类似的。

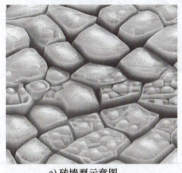
a) 砖墙型示意图

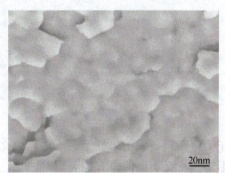
b) 典型实例(SEM)

图 2-5 珍珠层的砖墙型形成方式

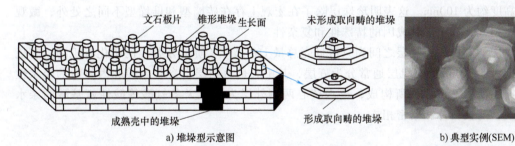

a) 堆垛型示意图　　　　　　　　　　　　　　b) 典型实例(SEM)

图 2-6 珍珠层的堆垛型形成方式

砖墙型在双壳类的贝壳中普遍存在，其生长面上为典型的砖墙堆砌式生长形貌，每一微层以类似步阶的方式互相重叠，新生长的晶体沉积在步阶的边缘，逐渐向横向生长，通过其延伸与合并而使微层结构在横向上扩展。在纵剖面上，上下微层中的板片的中心位置呈无规则排列。

堆垛型在腹足类的贝壳中普遍存在，其生长面呈锥形堆垛形貌（也称"圣诞树"形貌），新生的晶体形成于每一锥形堆垛的顶端，然后横向生长，同时更新的晶体在顶端形成，先形成的晶体在横向上继续生长使堆垛保持锥形形貌，横向生长最终使邻近堆垛的晶体相接触，形成珍珠层的微层。上下微层的文石板片沿层的生长方向规则排列，其中心位置有一定的偏移，但偏移较小（20~100nm）。

文石板片一般多呈假六边形、浑圆形、菱形及不规则多边形等，在不同种类的软体动物中，小板片的粒度变化不大，形状和尺寸比较均匀，通常为多角片形，晶片厚度为 0.20~0.99μm，片尺寸为 2~10μm。目前关于单个文石板片结构细节还没有很好地被了解，透射电镜研究曾发现单个文石板片的电子衍射花样有单晶电子衍射花样的特征，这说明文石板片可能或者肯定是单晶体，或者是具有相同取向的许多小晶粒组成的多晶体板片。使用原子力显微镜对红鲍鱼壳珍珠层单个文石板片进行观察，发现文石片是由类鹅卵石多边形的纳米晶粒（直径约为 32nm）组成，如图 2-7 所示。这证明有多晶文石板片的存在，每个板片由纳米级颗粒聚集而成，这些纳米级颗粒可能以相同的晶体取向堆积。

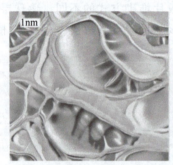 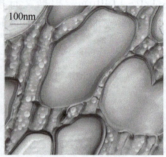

图 2-7 红鲍鱼壳珍珠层文石板片原子力显微镜图片

据原子力显微镜研究结果显示，珍珠层中文石小板片并不是完全平整的，不同贝壳其文石片表面形态经常是不同的，有的表面呈凹形，中心凹陷的深度最大可达 500nm，板片上分布有众多的同心矩形环，其短长轴之比为 5:8；有的文石小板片表面虽然也呈凹形，但较平整，表面无矩形环；有的文石片表面存在微凸体，每个微凸体由 2 个或 3 个纳米晶粒组成，其高度约为 100nm。这表明珍珠层除了在宏观上存在砖墙型和堆垛型不同之处外，微观上也存在差别，显示了其成因的特殊性和复杂性。

珍珠层的有机相板片层之间为只占贝壳总量 1%~5%（质量分数）的矿化有机物，有机层的厚度为 5~50nm。有机层通常分为五层，其中心是由两层富含甘氨酸和丙氨酸的疏水性蛋白质夹一薄层 β 几丁质所构成，疏水核心两侧外层为富含天冬氨酸等酸性氨基酸的亲水性蛋白质，与文石片相紧密相连。

2.2.3 交叉片层

关于贝壳中无机相的结构，除了具有择优取向的棱柱层和珍珠层之外，还有另一种重要结构，即交叉片层结构，这种结构在双壳类和腹足纲软体动物中较普遍存在，交叉片层为文石晶体，交叉片层的结构是相似的，如图 2-8 所示。每级片层的取向都与相邻的上下级片层的取向之间呈一定角度，一般约为 90°，即每级片层都几乎垂直于上一级片层，相邻同级片层的取向之间也有一定的角度，并且相邻同级片层中所包含的下级片层之间的取向也不一

 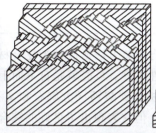 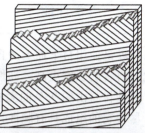

a) 交叉片层结构的逐级构建　　　b) 基于一、二级片层相对于断裂平面的取向所表现的不同断面形式

图 2-8　交叉片层结构三维示意图

致，在有的贝壳中可相互转动 60°~90°。各级片层的结构是基本类似的，只有取向是变化的，这是交叉片层结构的共同特征。

在不同种类的贝壳中，以及在同一贝壳的不同部位，文石交叉片层结构一般是不同的，这些差异包括各级单元（板片）的大小、形状和取向等。一般都含有 1~3 级片状单元，以三级板片为基本片状单元，而 4~5 级单元常常不是规则的板片，可能是块状、粒状和其他不规则形状。图 2-9 给出了鲍鱼壳的文石交叉片层结构。图 2-9a 中的垂直单元为一级板片，其宽度约为 10μm，一级板片内的水平单元为二级板片，其厚度为 3~5μm，宽度为 5~15μm。图 2-9b 显示了组成二级板片的三级板片的结构，三级板片很不规则，有些弯曲，类似瓦片叠在一起组成二级板片，三级板片约为 100nm 厚，250~500nm 宽。图 2-9c 表明组成三级板片的四级单元，其形状为颗粒状，其直径为 50~100nm。

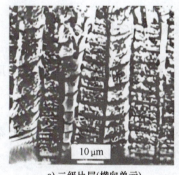 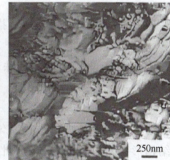 

a) 二级片层（横向单元）　　　b) 三级片层结构(AFM)　　　c) 四级单元形态(AFM)

图 2-9　鲍鱼壳的文石交叉片层结构

2.3　贝壳的性能

自然界为材料的设计和合成进化了高度复杂和精巧的机制，生命有机体生产的材料所具有的物理性能仍然胜过用类似成分模拟合成的材料。天然生物材料贝壳在千百万年的进化过程中形成了独特的结构、优异的性能，是传统人工合成材料无法比拟的。贝壳具有硬度高、美观、环保、可加工，以及质地触感和保温性能好等多种独特性能，为其在各个领域的应用提供了广阔的空间，展现出丰富多样的潜力和价值。

2.3.1 力学性能

自然界是使用自下而上的自组装方法形成纳米复合材料，与许多自上而下形成的人造材料相比，前者的强度更高，韧性更好。贝壳就是自下而上自组装的自然纳米复合材料的最好例子，这种材料由约95%的无机相碳酸钙（方解石和文石）和百分之几的有机生物聚合物组成。尽管它的组成具有脆性，但它表现出了良好的综合力学性能。

贝壳是典型的各向异性复合材料，这是由它的组成和结构所决定的。贝壳的交叉叠片结构是一种常见的微结构形貌，具有显著的力学性能。这种结构由无机文石和有机胶原蛋白组成的层状生物陶瓷复合材料构成，文石层是由长而薄的文石片所组成。贝壳的力学性能具体表现为以下几个方面的特点。

1. 各向异性

贝壳的力学性能表现出明显的各向异性，即不同方向上的承载能力有所不同。例如，垂直层面方向的承载能力明显高于平行于层面方向的承载能力。

2. 显微硬度

贝壳的显微硬度与其组成相及显微结构密切相关。方解石层的硬度明显低于文石层的硬度，而二者的截面硬度值则明显高于各自的层面硬度。

3. 刚度、强度和断裂韧度

贝壳材料具有较高的刚度、强度和断裂韧度，这些特性使其在生物材料中具有重要的应用前景。

4. 承载能力

随着贝壳的生长，其文石板片厚度增大，各项力学性能指标也随之提高。

5. 微观结构的影响

贝壳的微观结构对其力学性能有显著影响。例如，珍珠母结构（砖墙结构）是其中形貌最为规整且综合力学性能最好的一种。

6. 多级结构

贝壳包含多种微结构形貌，如棱柱结构、珍珠母结构、匀质结构、交叉叠片结构和复杂交叉叠片结构等，这些不同的微结构形态对贝壳的整体力学性能有重要影响。

2.3.2 韧化机制

贝壳最优异的力学性能之一就是它的高韧性。因此，贝壳的韧化机制及其对材料设计制备的指导作用值得深入研究。在绝大多数情况下，裂纹是在有机层中扩展的，据此可以认为，在这种生物复合材料的韧化过程中，有机基质起着至关重要的作用。根据贝壳的结构以及前述裂纹形貌和扩展方式的分析，可以得出贝壳中存在四种主要韧化机制：裂纹偏转、纤维拔出、有机质桥接和矿物桥作用。

1. 裂纹偏转机制

裂纹偏转是贝壳材料中最常见的一种断裂机制，尤其当裂纹垂直于碳酸钙晶片层扩展时，这种现象最为明显。在多数情况下，裂纹容易在有机质层中，也就是各级板片的界面处

第2章 贝壳材料及其仿生设计

萌生和扩展,且裂纹易沿着平行于各级板片或层面方向扩展。裂纹首先沿着平行于文石晶片层间的有机质层扩展一段距离,然后发生偏转,穿过垂直文石片层间的有机质层后滞止,再次偏转进入与之平行的另一层有机质层,如此循环,形成"Z"字形的裂纹扩展路径。

这种裂纹的频繁偏转必然导致材料韧化,其主要原因是:首先,与直线扩展相比,裂纹的频繁偏转造成扩展途径的延长,从而吸收的断裂功增加;其次,当裂纹从一个应力状态有利的方向转向另一个应力状态不利的方向扩展时,将导致扩展阻力的明显增加,从而引起外力增加;最后,有机相具有良好的塑性变形能力,能消散应力,使裂纹钝化,材料因此而韧化。

例如,当珍珠层的断裂面平行于珍珠层面时,断口表面相对比较平整,裂纹只在上下少数几层晶片内传播,且同一层面中的裂纹具有明显的多边形特征,这说明裂纹主要是沿着珍珠层层片间的有机层扩展的。若断裂面垂直于层面,则断口极为粗糙,裂纹在层间有机层内发生频繁偏转。显然,与裂纹平行于层面扩展相比,裂纹沿垂直层面扩展时,其途径大大增加,因而所吸收的功也明显增加。上述断裂行为各向异性的直接原因是珍珠层结构的高度有序性和异向性,这种异向性必然导致弯曲强度及断裂功的各向异性。

图2-10给出了裂纹扩展的光学显微图像和AFM观察结果,可以发现裂纹开始于压痕边缘板片间的界面处,这些裂纹从压痕处连续向外,沿着一级裂纹(一级界面处裂纹)扩展,二级裂纹在二级片层界面上不断形成,使裂纹发生偏转。这些二级裂纹在增加壳的断裂韧度上起关键作用,它们从一级(或初级)裂纹吸收裂纹能量,将壳的破坏限制在变形周围的较小范围内,而不是集中在单个界面上。由于交叉片层结构中板片间的取向不断变化,使得裂纹的扩展和转移更具随机性,多级板片间的多级界面,将形成多级裂纹,这将使因裂纹导致壳的弱化降至更小。

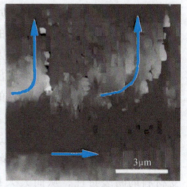

a)压痕的光学显微镜图　　b)相应压痕的示意(图中细线代表裂纹路径)　　c)裂纹生长和偏转代表一级片层边界和二级片层边界(图中箭头所示)

图2-10　交叉片层结构压痕的断裂结构和示意图

总之,贝壳是组织高度分级的复合结构,它们的结构设计有利于引导裂纹沿结构单元界面在三维方向上扩展消散裂纹能量,在保持硬度和强度的同时,具有非常好的韧性。

2. 纤维拔出机制

在贝壳材料中,纤维拔出是指文石晶片从有机质中的拔出,纤维拔出通常与裂纹的偏转同时发生。在贝壳中,所谓的"纤维"指的是珍珠层中文石晶片、交叉片层结构中的板条和棱柱层柱状晶体。纤维拔出能吸收更多的能量而使材料韧化,这是纤维增强复合材料中一种重要的韧化机制。

当试样垂直于层面断裂时，尤其是一级板片层的方向垂直于断裂方向，其断口表面极为粗糙，有明显的纤维拔出留下的凹坑，这是因为裂纹在各级板片间的有机质内发生频繁的偏转，致使碳酸钙晶片拔出。裂纹穿过有机质后，在有机基质层间的一些连接并未断开。此时除有机质与碳酸钙晶片的结合力与摩擦力阻止晶片的拔出外，要拔出每一晶片就必须"剪断"这一晶片上未断开的所有有机质层，从而增加了裂纹扩展的阻力，使材料的韧性提高。裂纹穿过有机层后而导致珍珠层中文石板片的拔出，此时，有机相与文石层的结合力与摩擦力将阻止晶片的拔出，同时文石板片表面上的微凸体也对相邻板片相互移动具有锁住作用，从而增加裂纹扩展和纤维拔出的阻力，使材料的韧性增加。

3. 有机质桥接作用

贝壳在断裂过程中，无机相（$CaCO_3$）间的有机基质发生塑性变形，并且与相邻无机相黏结良好。这是贝壳中的一种普遍现象，表明生物大分子与无机相间具有较强的结合界面，它提高了相邻晶片间的滑移阻力，强化了纤维拔出韧化机制的作用；另外，发生塑性变形后仍与无机相保持良好结合的有机相，在相互分离的无机相间能够起到桥接作用，从而降低了裂纹尖端的应力，增加了裂纹扩展阻力并提高了韧性。这种韧化机制称为有机质桥接。

尽管有机相在体积含量上较低，但在贝壳结构的抗断裂性中起着重要作用。这意味着在贝壳的断裂过程中，有机相起到了关键的缓冲作用，从而提高了整体的韧性。

4. 矿物桥作用

研究发现，在珍珠层中矿物桥的总面积约占文石板片总面积的1/6，它对珍珠层整体力学性能的影响不可忽略。在珍珠层的断裂过程中，由于矿物桥的存在及其位置的随机性，增加了裂纹扩展的阻力和裂纹偏转的作用，并常常使本身已经断裂的上下文石片之间仍然有矿物桥连接。因此要拔出文石晶片，除要克服有机相与文石片的结合力，还必须要剪断文石晶片间的矿物桥，从而使珍珠层的韧性得以强化。

图2-11为贝壳珍珠层微观结构耦合作用示意图。贝壳这种生物复合材料具有高韧性的主要原因是裂纹偏转、纤维拔出、有机质桥接以及矿物桥作用等多种韧化机制协同作用的结果，而这些韧化机制又与贝壳的特殊组成和结构密切相关。虽然贝壳是由极其普通的碳酸钙材料（方解石和文石）和少量有机质组成，但它具有极好的强度和韧性的配合。其原因是生物体利用其自身对于材料构筑中的强大控制能力，通过细胞的调制作用，在无机矿物内或者矿物晶体间有规律地嵌入生物高分子来实现的。虽然有机物比例很小，但可以从根本上改变材料的断裂特性，从而大大提高了材料的韧性。贝壳的组成和组织结构的形成过程与机

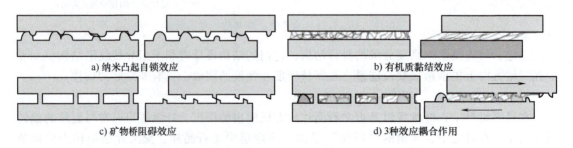

a) 纳米凸起自锁效应　　b) 有机质黏结效应
c) 矿物桥阻碍效应　　d) 3种效应耦合作用

图2-11　贝壳珍珠层微观结构耦合作用示意图

理，对于现代材料的设计和制备具有重要的启示意义。

2.4 基于贝壳材料的仿生设计

从贝壳特殊结构的研究中寻求仿生材料的设计方法和灵感，可以通过探讨其结构与功能之间的关系，结合实验表征手段测定其性能参数，总结规律，揭示贝壳的构成机理和运行机制。在此基础上，深入到仿生学高度，运用仿生设计方法和理念，实现新型轻质高强超韧层状复合材料的研制。

2.4.1 仿生层状复合陶瓷材料

贝壳类生物材料中的珍珠层是由95%以上的脆性文石晶体和少量有机质以强弱相间的层状形式复合而成的，这种结构具有比一般文石晶体高得多的综合力学性能。近年来，围绕着改善陶瓷材料韧性的问题，国内外进行了大量的研究工作，其中采用仿生层状复合结构设计进行陶瓷增韧就是其中的方法之一。层状复合陶瓷也是在脆性的陶瓷层间加入不同材质的较软或较韧的材料层（通常称之为夹层、隔离层或界面层）制成。这种结构的材料在应力场中是一种能量耗散结构，能克服陶瓷突发性断裂的致命缺点。当材料受到弯曲或冲击时，裂纹多次在层间界面处受到阻碍而钝化和偏转，有效地减弱了载荷下裂纹尖端的应力集中效应。同时，这种材料的强度受缺陷影响较小，是一种耐缺陷材料。这种结构可使陶瓷的韧性得到很大改善，以层状复合氮化硅为例，断裂韧度达到 $20MPa \cdot m^{\frac{1}{2}}$ 以上，抗弯强度达到 600MPa 以上，断裂功提高 2~3 个数量级。

层状结构陶瓷材料就是模拟贝壳珍珠层的层状结构，用基体陶瓷层模拟珍珠层中的文石晶片，用弱结合的夹层模拟有机质层。将陶瓷层片和夹层通过适当的工艺而结合在一起形成仿生层状陶瓷。几何参数仿生层状陶瓷由基体层和夹层两种结构单元组成，二者的几何尺寸也明显地影响力学性能。几何参数主要包括结构单元尺寸（纤维直径、层片厚度等）、结构单元排列方式（如纤维排布角）、层数、层厚比等。此外，如能将层状复合技术与一些已成熟的增韧技术，如弥散增韧、化学强化等结合起来，材料增韧效果将更好。

1. 仿生层状复合陶瓷制备过程

（1）材料选择

1) 基体材料。目前，层状陶瓷复合材料研究的基体材料主要是一些具有较高的强度和弹性模量的结构陶瓷材料，如 Al_2O_3、ZrO_2、SiC、Si_3N_4、TiB_2、B_4C 等。基体材料的强度对复合材料的性能有很大影响。基体材料的强度直接影响复合材料的断裂韧度值，强度越高，断裂韧度越高。基体材料增韧后可以提高层状复合材料的断裂性能。基体材料常用的增韧方法有颗粒弥散增韧、纤维或晶须增韧、相变增韧等。研究证明，基体材料采用不同的增韧方法和材料，其增韧效果是不同的。

2) 夹层材料。它是决定层状陶瓷韧性高低的关键。夹层材料选择时一般要考虑与基体不发生较剧烈的化学反应，以免生成不利的脆性产物；热膨胀系数相差不应太大，避免热应力开裂；强度适当，性能稳定，且与基体结合强度适中，以利于裂纹偏转等。金属夹层材料常用的有 Ni、Al、Cu、W、Ta 等；无机非金属夹层材料常用的无机非金属夹层材料有石墨等弱结合型材料以及 ZrO_2、Al_2O_3 等强结合型材料。纤维及高分子夹层材料有碳纤维、芳纶纤维、环氧树脂等。

(2) 结构设计　基体材料的层厚对复合材料的性能有一定的影响。层厚大，则韧性较低。较薄的单层厚度可以将裂纹在材料厚度方向分成较多的小段，有利于材料断裂功的提高。同时，还可以减小层中缺陷，以提高材料的强度。例如，在总厚度不变时，10 层的 SiC-石墨复合物的强度是 550MPa，而 20 层时是 920MPa，断裂功也增加了 3.5 倍。但是，基体材料的厚度并不是越小越好，因为工艺条件的限制，层厚的均匀性无法精确控制，使界面引入缺陷的概率增大，层厚越小，界面越多，这种危害越大。

夹层材料的厚度对复合材料的性能也有明显的影响。例如，夹层厚度若小于一定的值，韧性降低很快。随着夹层材料厚度增大，断裂韧度增加，但当大于一定值后，复合材料的韧性反而降低，例如，层状 Al_2O_3-碳纤维纸陶瓷的夹层厚度由 0.01mm 增至 0.05mm 时，陶瓷断裂韧度从 $6.674MPa \cdot m^{\frac{1}{2}}$ 逐步下降到 $3.210MPa \cdot m^{\frac{1}{2}}$。即夹层厚度明显地偏大或偏小，断裂方式将发生改变，断裂韧度也会有显著的减小。如果金属夹层太厚，还会由于残余应力太大而导致陶瓷层中形成裂纹，产生不利作用。

三层结构是层状陶瓷设计经常采用的形式。该结构利用适当的热膨胀系数差异或相变在表面层产生的残余压应力，提高材料性能。例如，以 ZrO_2 为基体层材料，45% Al_2O_3+ZrO_2 为表面层时，由于层间热膨胀系数的差异在表面层形成残余压应力，使材料的抗弯强度和断裂韧度分别从 450MPa 和 $8.8MPa \cdot m^{\frac{1}{2}}$ 提高到 682MPa 和 $16.2MPa \cdot m^{\frac{1}{2}}$。对于 SiC 为表层，SiC+$TiB_2$ 为中间夹层的三层结构，由于添加 15%~30% 体积的 TiB_2，使强度和抗裂性能提高 50%~100%，但耐蚀性和耐温性有所降低。

(3) 界面设计　界面性能对复合材料的性能影响极大。界面结合强度越高，复合材料的模量越高，但强度和韧性却不一定高。因为过强的界面结合会抑制界面脱黏、基体桥接、纤维拔出和裂纹偏转等对裂纹能的吸收，不利于材料强度和韧性的提高；如有强烈的界面反应还会造成材料损伤，也是不利的；而过弱的界面结合强度，会使层状复合陶瓷的各向异性增大，不能抵抗剪切应力，易遭破坏，也影响裂纹偏转。所以要求界面有一个适当的结合强度，才能得到最佳的强度和韧性。

2. 仿生层状复合陶瓷材料的制备工艺

(1) 复合成形工艺　预制层叠放成形基体层和夹层材料均为预制片，按次序依次叠放进行压制成形。金属层材料可以直接应用金属箔。干粉分层敷放压制成形基体层和夹层材料均为干粉，依次敷放在模具中进行压制，得到产品。此种方法层间结合较好。基片涂覆夹层材料浆液后层压成形基体为预制片，夹层材料为料浆，涂覆后叠放压制。在基体层上施加夹层材料料浆的主要方法如下：

1) 喷涂法。将含有分散剂、悬浮剂等成分的夹层材料悬浮液喷在基体素坯薄片上再干燥，厚度由喷涂次数来控制。

2) 流延法。将制备好的夹层材料的料浆通过底部有狭缝的料斗，连续地涂敷于基体带上，调节刮刀与基带之间的间隙、料浆的黏度、浆液的压差及基体带的运动速度等参数可以控制流延厚度。流延法厚度均匀性比较好。

3）浸涂法。将基体素坯层在夹层材料料浆中浸渍后烘干,通过浸渍时间和次数控制夹层厚度。若夹层材料为金属,可将烧结的陶瓷薄层叠放后,浸入熔融金属液中凝固而直接得到层状产品。

(2) 料浆制备 对于电泳、注浆和流延成形等方法,均需要制备料浆。制浆与一般陶瓷的制浆方法相同,即选料—配料—球磨—过滤—除杂质—除气体等。

制浆中溶剂的选择取决于黏结剂、增塑剂和其他添加剂的溶解性以及陶瓷粉料在其中的稳定性。对于非氧化物陶瓷,一般不用水作溶剂,而采用乙醇、丙酮、甲基乙烯酮等有机溶剂,以免在球磨过程中使原料表面形成氧化膜。为了克服有机溶剂介电常数低、浆液稳定性不好的缺点,一般将两种溶剂混合使用,以保证好的介电性、溶解性和低的沸点。常用的溶剂搭配有:三氯乙烯-乙醇、甲基乙烯酮-乙醇等。用量约为粉料的50%。

粉体在研磨过程中的分散问题是一个很重要的问题。对于不同的原料,应采用不同的分散剂。一般根据原料的表面电性选取离子电性相反的分散剂,通过粉体颗粒表面吸附致使双电层的形成从而实现颗粒分散,也可以选取两性离子型或非离子型的分散剂。对于氧化物陶瓷,常用的分散剂有甘油三酸酯、柠檬酸等。用量为粉料的1%~2%。

黏结剂一般为有机黏结剂,如聚乙烯醇缩丁醛(PVB)、聚乙烯醇(PVA)等。用量一般为溶液量的5%左右。增塑剂有邻苯二甲酸二辛酯、邻苯二甲酸二丁酯、甘油等,用量一般为溶液量的5%左右。

(3) 烧结工艺 烧结前,含有有机黏结剂的薄层材料一般都要经过排胶处理。为了使排胶彻底,升温速率要慢(10℃/min以下),一般为3~5℃/min。排胶温度在600℃以内,保温时间可达48h。

常规的烧结方法有常压烧结和热压烧结。其中热压烧结产品的密度好、强度高;对于添加助熔剂的氧化物陶瓷,常压烧结也可以达到较好的烧结效果。

对于高温容易氧化的材料(如非氧化物陶瓷、金属等材料),在烧结过程中一般都要用N_2气或Ar气进行保护。若采用感应加热快速热压烧结,可以不加保护气体,其升温速度可以达到100℃/min。

放电等离子烧结(SPS)是一种新型的烧结方法。它是将陶瓷原料干粉在模压的情况下,通入脉冲大电流,以激发其放电活化、加热烧结而成。这种烧结方法的烧结和冷却速度快(一般10min即可完成),颗粒细小、均匀、致密,层间结合强度高,是一种很有前途的高效制备方法。

3. 仿生层状复合陶瓷材料的增韧机理

仿生层状复合陶瓷材料与传统上以消除缺陷提高力学性能为目的制作的陶瓷不同,其强韧化机制是一种能量吸收、耗散机制,其结构设计使强度对缺陷不敏感,是一种耐缺陷材料。下面将对层状复合陶瓷增强、增韧机理及其相应的结构设计因素展开分析和讨论:

1) 弱界面裂纹偏转增韧。两个强度高的基体层间夹有弱的薄层,要求弱夹层足以偏转裂纹,基体层必须具有一定的抗压缩和抗剪切性能。利用基体层与夹层间的弱界面使裂纹偏转或分层,增大裂纹扩展路径,能量在裂纹扩展过程中被释放,从而达到材料增韧的效果。例如,碳化硅-石墨层状复合材料,与单体SiC陶瓷相比,其断裂韧度增长4倍。

2) 延性夹层裂纹桥接增韧。延性夹层可以是金属,也可以是延性树脂,它是利用延性层发生较大程度的塑性变形来消耗、吸收能量,塑性变形区也会导致裂纹尖端被屏蔽,使裂纹钝化，并在裂纹尾部被拉伸和形成桥接，减小裂纹尖端的应力强度因子，减缓裂纹扩展速度，阻止裂纹进一步张开，从而提高材料断裂韧度。例如，金属钨作为延性层增韧碳化硅（SiC-W）层状复合材料，在保持强度基本不变的同时，该材料的断裂韧度提高了1倍。但值得注意的是，在陶瓷-金属复合材料的高温制备过程中，金属可能与基体材料发生反应，失去金属塑性，不能实现裂纹尾流区桥接的增韧机制。

3) 界面残余应力增韧机理。利用层状复合陶瓷的基体层与夹层之间热膨胀系数、收缩率的不匹配或其层中相变而使层间有应变差，引入残余应力。调节各层数量、层厚，可使表面层产生合适的压应力而增韧。因为压缩区的应力区围绕裂纹的尖端，抑制裂纹的发生和扩展，所以表面层如有压应力，它的断裂/疲劳阻抗就会明显的提高，导致强度、韧性提高。例如，在 TZP-Al_2O_3 层状复合材料中（TZP 为 Tetragonal Zirconia Polycrystal，亚稳定氧化锆），残余应力的存在引起裂纹扩展阻力增大，裂纹发生偏转，使得复合陶瓷的冲击韧度是单相 Al_2O_3 陶瓷的 5.6 倍，是单相 ZTA（Zirconia Toughenend Aluminum，氧化锆增韧氧化铝）陶瓷的 2.8 倍。用流延法制得 Al_2O_3-Ni 层状复合陶瓷，由于 Ni 的热膨胀系数是 Al_2O_3 的近 2 倍，Al_2O_3 层为压应力区，使得 Al_2O_3 层具有很大的抵抗和偏转裂纹的能力，因此，与块状 Al_2O_3 陶瓷相比，层状陶瓷的强度和韧性都有明显的提高。这种增韧机制还能使复合陶瓷的断裂韧度和硬度在平行于夹层方向和垂直于夹层方向的差别不大，在一定程度上克服了弱夹层陶瓷各向异性的缺点。

4) 叠加互补增韧层状陶瓷材料可使其强度在一定范围内基本与缺陷尺寸无关。三层结构的外层利用高强度相，内层利用高韧性相，复合结构的强度和韧性处于两种材料之间。例如，Al_2O_3-碳纤维增强环氧树脂的层状复合物，Al_2O_3 层提供高强度、高硬度和耐磨性，而环氧树脂层提供高韧性。

4. 仿生层状复合陶瓷材料的主要体系

仿生层状复合陶瓷材料按主层（基体层）材料划分，主要集中在 Al_2O_3 体系、SiC 体系、Si_3N_4 体系、ZrO_2 体系和 TiB_2 体系。

(1) Al_2O_3 体系　在 Al_2O_3 体系中，选用高强度、高硬度的 Al_2O_3 陶瓷来模拟珍珠层的硬层，作为基体层的主要成分，有时还加入其他组分对其进行强韧化处理，如添加 ZrO_2 和 TiC 等；选用硬度较低、弹性模量较小的陶瓷、石墨、金属、延性树脂或其他延性物质（如云母）等来模拟珍珠层中的软层，即作为夹层，并突破夹层是软质材料的界限，甚至还可以使用玻璃，常用的夹层材料有 Al、Ni、BN、TiC、TiN、ZTA、SnO_2、云母、SiC、ZrO_2、$LAPO_4$、纤维树脂、W 和 Y-TZP（氧化钇稳定化四方相氧化锆多晶陶瓷）等。有时为了调节基体层与夹层界面的结合状态和残余应力大小等其他需要，也加入一些其他组分，如 ZrO_2 等。

(2) SiC 体系　在 SiC 体系中，是以 SiC 为基体的主要成分，有时为了改进基体组织、性能和层状复合陶瓷的制备工艺等而加入一些其他组分，如 Y_2O_3、Al_2O_3、BN、B_4C、TiO_2 等；夹层材料主要为石墨、W、BN、Al、TiB_2 等，有时也加入 Al_2O_3、SiC、B_4C、TiB_2 等其他组分来调节性能。

(3) Si_3N_4 体系　该体系中基体层主要成分为 Si_3N_4，同时，经常在基体中加入一些其他组分来调整其性能。例如，在 Si_3N_4 中引入 SiC 颗粒是常见的增韧方法。由于 Si_3N_4 和 SiC 的线膨胀系数分别为 2.75×10^{-5}/℃ 和 4.50×10^{-6}/℃，即颗粒的膨胀系数大于基体的膨胀系数。因此，在基体中将产生切向残余压应力，当拉应力作用于材料时，将首先用于抵消内在残余压应力，然后再开始作为有效的拉应力起作用，实现应力增韧。另外，膨胀系数差将在基体中产生微裂纹（若结合-196℃的深冷处理效果更好），使产生破坏作用的裂纹扩展产生偏转、分叉，能量被消耗。

2.4.2 仿生矿化沉积薄膜

在自然界中，许多生物展现了在环境的温度、压力和气氛下，通过生物矿化创造具有高度功能性的结构复杂、形状独特的生物陶瓷的特点，如贝壳的形成就是一个最好的例子。生物矿化的显著特征是，通过有机大分子和无机矿物离子在界面处的相互作用，从分子水平控制无机矿物相的析出，从而使生物矿物具有特殊的高级结构和组装方式，它是一个细胞调制控制着生物矿物的形核、长大，以及复杂的微组装过程。

生物矿化可以分为如下四个阶段：

(1) 有机大分子预组织 在矿物沉积前构建一个有组织的反应环境，实现有机大分子的预组织。

(2) 界面分子识别 预成形的有机大分子系统为无机相的组装提供骨架，在其与溶液的界面处，通过晶格几何特征、静电相互作用、极性、立体化学因素、空间对称性等因素，影响和控制无机物成核的部位、结晶物质的选择、晶型、取向及形貌。

(3) 生长调制 受控于有机分子组装体的晶体生长和停止实现矿物相组装。

(4) 细胞加工 涉及大规模的细胞参与活动，形成更高级的组织。

本节以仿生自组装纳米 TiO_2-聚甲基丙烯酸十二醇酯复合薄膜和仿生 $CaCO_3$ 自组装薄膜为例，介绍仿生矿化沉积薄膜具体制备过程。

1. 仿生自组装纳米 TiO_2-聚甲基丙烯酸十二醇酯复合薄膜

(1) 仿生复合膜结构和形成机制 TiO_2-聚甲基丙烯酸十二醇酯复合膜的形成过程为：首先钛酸四丁酯水解为二氧化钛纳米微粒，然后，γ-（甲基丙烯酰氧）丙基三甲氧基硅烷水解后偶联在二氧化钛纳米微粒的表面上。在拉膜过程中，随着溶剂的蒸发，作为表面活性剂的十六烷基三甲基溴化铵的浓度越来越大，超过临界胶束浓度后，表面活性剂先自组装成球状胶束、棒状胶束，最后形成层状胶束。由于十六烷基三甲基溴化铵的极性端与二氧化钛纳米微粒之间存在较强的界面相互作用，因此二氧化钛吸附在十六烷基三甲基溴化铵的极性端，偶联剂的尾端与含有双键的有机物在十六烷基三甲基溴化铵自组装双层膜间有序排列，这样就实现了大分子自组装过程。形成的有机-无机有序交替的层状结构薄膜，其形成机制和微观结构如图 2-12 所示。

(2) 仿生复合薄膜的制备 仿生 TiO_2-聚甲基丙烯酸十二醇酯复合薄膜是通过下面三个步骤制备的：首先，要制备组装前驱体溶液，将一定量钛酸四丁酯溶于适量乙醇中，加入少量二次水的蒸馏水和少量盐酸，室温下反应一定时间，然后加入适量 γ-（甲基丙烯酰氧）丙基三甲氧基硅烷、十六烷基三甲基溴化铵、甲基丙烯酸十二醇酯、甲基丙烯酸双己二醇酯和安息香乙醚；其次，将玻璃基片在浓硫酸和 30%的过氧化氢混合液中超声浸渍处理后，洗净、干燥待用；最后，在拉膜机上使处理的玻璃基片于制备的组装前驱体溶液中浸涂成膜，成膜后用紫外光照引发聚合，形成仿生 TiO_2-聚甲基丙烯酸十二醇酯复合薄膜。

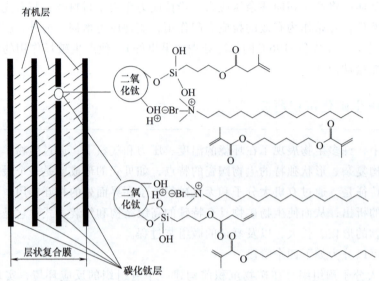

图 2-12　仿生 TiO_2-聚甲基丙烯酸十二醇酯复合薄膜的微观结构示意图

2. 仿生 $CaCO_3$ 自组装薄膜

生物有机体能通过生物矿化生产高度复杂的由有机相和无机相相结合的纳米结构，在这一生物矿化过程中，核酸、多糖和蛋白等有机大分子起着调控作用，使形成的生物材料具有不同的结构和形貌，如在贝壳中就有 $CaCO_3$ 的多形体方解石和文石。这里介绍模拟生物矿化原理，以去除矿物质的胶原质蛋壳膜为模板沉积 $CaCO_3$，通过预吸附不同的聚合物来调节有机基体模板的化学结构，从而控制所形成的 $CaCO_3$ 的晶体结构。

制备方法为：蛋壳被清洗后用 1mol/L 盐酸去除石灰质，得到软的蛋壳膜，再用水清洗，加工成所需大小；使用聚天冬氨酸、聚谷氨酸和天冬氨酸结合聚丙烯酸作为 $CaCO_3$ 晶型选择的添加剂，将制备的蛋壳膜分别浸入上述三种酸性聚合物的溶液中，保持 12h，实现它们在蛋壳膜上的吸附，从而控制 $CaCO_3$ 沉淀时的晶核形成、晶体生长和晶型选择；用于沉淀 $CaCO_3$ 的溶液为 $Ca(HCO_3)_2$ 过饱和溶液。蛋壳膜经过吸附不同的酸性聚合物具有了不同的功能，将这些功能化的蛋壳膜浸在 25℃ 的 $Ca(HCO_3)_2$ 过饱和溶液中，矿化沉淀 96h，即在吸附聚天冬氨酸、聚谷氨酸和天冬氨酸的功能化表面上沉淀形成 $CaCO_3$ 薄膜。

薄膜的形成在碳酸钙的仿生矿化过程中，蛋壳膜上吸附的有机大分子对于控制碳酸钙的形核、生长和多形体的选择非常重要。吸附的酸性聚合物引起了矿化微环境的改变，虽然聚天冬氨酸、聚谷氨酸和天冬氨酸端部功能基团（—COOH）是类似的，但在聚天冬氨酸和聚谷氨酸的侧链中有附加的—CH_2 和氨基化合物键，使得侧链上的羟基酸性基团存在不同取向的可能，因此这些功能基团和碳酸钙晶面的取向位置的几何匹配是决定碳酸钙形核、生长和多形体选择的关键。

2.4.3　金属基仿贝壳材料

金属基仿贝壳材料的制备方法多种多样，目前的传统方法有球磨法、模板法和真空吸滤法，而新兴的方法有去合金化法和原位反应法等。传统的制备方法只能形成"砖-泥"构型，初步提高材料的力学性能，而新兴的方法是在此基础上形成更加精细的类似纳米突起和矿物桥的微观结构，进一步发挥相间协同、耦合和多功能响应机制，提高材料的综合性能。

1. 球磨法

球磨法是采用球磨工艺和烧结工艺制备金属材料的常用方法。将金属粉末、磨球和球磨介质装在球磨罐中，球磨罐高速转动，使粉末与磨球、粉末与球磨罐内壁、粉末与粉末之间碰撞，碰撞导致粉末塑性变形、破碎和冷焊，进而达到混匀粉体、细化晶粒和合金化等目的。球磨工艺分低能球磨和高能球磨。低能球磨往往用低转速、短球磨时间和低球料比达到混匀粉体的目的，在这一过程中因为球磨能量小，粉体一般不会发生过度变形。高能球磨运用高转速、长球磨时间和高球料比使粉体变形、破碎甚至合金化。控制球磨能量可以改变球磨产物的形貌，较高的球磨能量可以将金属粉体加工成片状前驱体，再经过热压烧结得到具有贝壳构型的金属材料，因此，球磨法是制备仿贝壳材料最为普遍的方法。

球磨法制备仿贝壳材料具有操作简单、成本低、粉末形貌可控和易于工业化等优点。但是，高能球磨过程金属粉体容易氧化，势必引入氧等杂质；如果增强相具有特定的结构（如碳纳米管），高能球磨会破坏其结构，弱化其增强效果。因此，在制备仿贝壳材料过程中，球磨法通常用来制备片状粉体，后续结合其他方法获得仿贝壳材料。

2. 模板法

模板法是先将增强相制备成具有层状结构的多孔预制件，再将基体材料填充孔隙得到具有仿贝壳构型材料的方法。制备预制件的常用方法为冰模板法，该法是将增强体粉体与水混合成泥浆，在合适的温度梯度下泥浆中的水定向凝固，冰层沿温度梯度方向生长，将增强体排挤到冰层交界处，形成增强体与冰层分层排列的结构。泥浆完全凝固后经冷冻干燥除冰、高温烧结即形成带有孔隙的预制件。采用浸渗的方法将熔融基体金属液填充预制件孔隙，最终得到具有仿贝壳构型的金属材料。

模板法可以形成增强相和基体均匀分布、规则排列的仿贝壳材料，但是模板法存在诸多限制因素：基体与增强体之间要有很好的润湿性才能有良好的浸渗效果；增强体体积分数需要足够高才能形成具有足够强度的预制件，而过高的增强体体积分数势必导致材料伸长率下降；制备得到的贝壳构型尺度偏大；预制件容易产生裂纹等宏观缺陷。

3. 真空吸滤法

真空吸滤法是利用流体与重力作用，将具有二维结构的粉体规则排列进而制备仿贝壳材料的方法。片状粉体与液体介质均匀混合制备成悬浊液，将悬浊液进行真空吸滤，吸滤过程中粉体因为其二维结构在重力作用下会平行于水平方向排列形成滤饼，滤饼经过烧结即可得到具有贝壳构型的复合材料。

真空吸滤法制备仿贝壳材料操作简便，易于工业化生产，但是要求增强体或基体中至少有一种材料具有二维结构，而球磨工艺可以制备片状粉体，恰好满足这一要求。因此，真空吸滤法通常与球磨法结合，广泛应用于制备金属基仿贝壳材料。

4. 去合金化法

去合金化法是通过化学腐蚀或电化学腐蚀将合金中一种或多种组元选择性去除的工艺。去合金化法是采用去合金化工艺对片状金属粉体表面处理，进而形成具有纳米突起和矿物桥的仿贝壳材料的制备方法。在多组元合金腐蚀过程中，化学性质活泼的组元会被试剂选择性溶解，留下的化学性质稳定的组元重组，形成纳米多孔的金属材料，具体过程如图2-13所示，其中包含了化学性质稳定的金属原子。首先，多组元的合金与腐蚀溶液接触，合金表面化学性质活泼的金属原子与腐蚀液反应形成离子进入溶液，如图 2-13a 所示。反应持续一段时间后，材料表面化学性质活泼的原子全部进入溶液，而化学性质稳定的金属原子在反应界面重组形成不规则的粗糙表面，如图 2-13b 所示。最终，材料表面形成如图 2-13c、d 所示的纳米突触结构。表面布满纳米突触的片状粉体在烧结过程中，彼此接触的纳米突触形成桥接，不能相互接触的突触形成纳米凸起，最终得到具有纳米突起和矿物桥的仿贝壳材料。

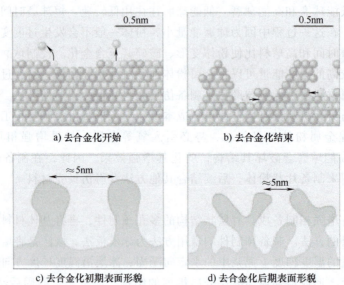

图 2-13 二元合金去合金化过程示意图

去合金化法制备仿贝壳材料在球磨法和真空吸滤法的基础上增加了去合金化工艺，不仅能够获得贝壳珍珠层构型，而且可以得到精致的"矿物桥"和"纳米凸起"微观结构，有效提高材料的强度和韧性，是一种极具潜力的制备仿贝壳构型材料的新方法。但是通过合金化法制备的材料具有较低的冶金质量，限制了材料性能的进一步提高。如果设法将纳米微孔填充有机相，将成为一种极富创造性的理想制备方法。

5. 原位反应法

原位反应法是在片状粉末基体上进行化学反应，原位生成异质金属凸点，进而获得仿贝壳材料的方法。原位反应法同样是一种极具潜力的制备仿贝壳材料的新方法。原位反应法可以结合球磨法和真空吸滤法，制备表面具有纳米微凸的粉体，进而制备具有理想微观形貌的仿贝壳材料。但是，目前缺少关于原位反应法制备仿贝壳材料的研究，此方法存在粉体表面纳米微凸分布不均、易于团聚等问题，亟需更加深入、系统地研究。

综上所述，制备金属基仿贝壳材料的有效方法中，球磨法、模板法和真空吸滤法运用最为普遍，工艺最为成熟。但是，其制备得到的仿贝壳材料仅仅初步具有仿贝壳构型，难以产生类似纳米微凸、矿物桥和有机质桥接的微观结构，不能充分发挥相间的协同、耦合和多功能响应机制，存在较大局限性。而去合金化法和原位反应法分别在片状粉体上做"减法"和"加法"，使片状粉体表面形成了纳米微凸，进而制备具有纳米微凸和矿物桥的仿贝壳材料。在金属基仿贝壳材料构型设计精细化的趋势下，去合金化法和原位反应法为仿贝壳材料制备提供了新思路。

2.4.4 仿贝壳材料的实例和应用前景

贝壳的结构是复合材料最为常见的仿生结构之一。从微观结构来看，贝壳是由 $CaCO_3$ 和生物聚合物形成的"砖块-泥浆"堆叠分层结构。无机盐层作为结构材料紧密地堆积在一起，而生物聚合物则充当黏合剂。分层混合材料不仅可以保护贝类免受外部压力，还可以使其免受环境刺激，如温度的急剧变化。贝类死亡后，在二氧化碳的协助下，贝壳逐渐溶解并消失在海洋中，使得它们完全回到了地球的循环系统中。近年来，随着对人们在军工、航空航天等领域的研究取得突破，对于材料强度优化也提出了更高的要求，因此在材料微结构上的研究也如火如荼，其中就有不少基于贝壳微结构取得的成果。

仿贝壳的复合材料通常采用的片状无机材料作为"砖"，聚氨酯、聚乙烯醇等聚合物材料作为泥浆，形成相应的复合材料。这一系列仿生材料表现出优越的性能，如具有高强度和耐磨性，优异的气体阻隔性，提供紫外线和电磁屏蔽等等。甚至有些这种类型的仿生材料还具有优良的透光性。然而，类贝壳材料的环境友好性还没有得到重视，包括材料的生物降解性和加工过程的环境友好性。一般来说，为了获得稳定的类贝壳材料，作为"砂浆"的黏合剂是具有交联网络的材料或石油聚合物，它们在自然环境中极其稳定。如果这些材料不能被回收，当被用作轻薄的涂料时，它们会裂成微粒子，造成严重的环境污染。此外，要实现完全的环境友好，生态友好的加工过程和回收过程是不可缺少的。制造在整个生命周期内对环境友好的仿生材料，包括材料的生物降解性和加工过程的环境友好性，是具有挑战性的。

1. 仿贝壳氧化石墨烯基层状复合材料

在航空航天、机械制造、电子信息等领域，性能优异的复合材料，有着迫切的实际需求和广泛的应用前景。作为石墨烯的一种重要的衍生物，氧化石墨烯同时也是规模化生产石墨烯的关键前驱体，其具有力学性能优异、比表面积高、以及化学稳定性高等特征。要想制备大尺寸的三维氧化石墨烯块体复合板材，并实现可控构筑和力学性能的提升，仍存在不小的挑战。这也在较大程度上限制了氧化石墨烯基复合板材的实际应用范围。而关键难题之一在于如何构筑出可控的、多尺度的强韧化微纳米界面。在氧化石墨烯纳米薄片之间，微纳米界面承担着重要的桥梁作用，是提升材料力学性能的关键。

北京航空航天大学的科研人员从大自然中寻求答案，基于贝壳非均相"砖-泥"的结构组成，即由多组分、多尺度、多级次的矿化组装结构，制备出了仿贝壳的氧化石墨烯/二氧化锰复合材料，如图2-14所示。该复合材料具备较强的断裂韧度和抗冲击性能，主要归因于"非晶/晶体-复杂界面"的协同强韧化作用。在分子尺度和纳米尺度上，非晶/晶体二氧化锰与氧化石墨烯纳米片之间存在较强的相互作用力。这时，再结合聚合物分子做进一步的交联，即可实现以非晶/晶体二氧化锰/氧化石墨烯为基础的纳米"砖-泥"结构。而在微米尺度和宏观尺度上，微米复合薄膜片层的"软-硬"堆叠结构，呈现出高度有序的特征，这让其得以拥有优异的能量耗散和裂纹偏转能力。

基于纳米结构的单元合成、非晶/晶体异质相-复杂界面的构筑及其可控的组装，能以可控的方式来组装和制备氧化石墨烯基复合板材。这种板材的力学性能十分优异，并且达到厘米尺度。此外，该研究还发现了一个新规律：非晶二氧化锰与氧化石墨烯纳米片之间存在更强的相互作用力。这一作用力是实现氧化石墨烯基复合材料的优异力学性能的关键所在。

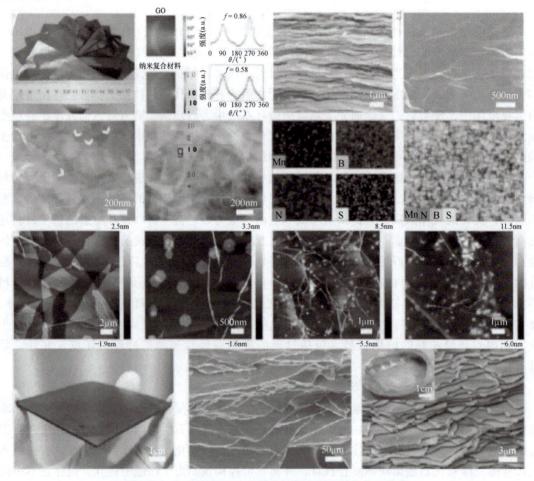

图 2-14　仿贝壳氧化石墨烯基层状复合材料结构和性能

2. 可降解仿贝壳结构水性涂料

中科院化学所团队制造了具有"砖块-泥浆"堆叠分层结构完全环境友好的仿生涂层，如图 2-15 所示。以阳离子纤维素衍生物和蒙脱石作为原料，通过简单的喷涂工艺和盐水溶液的后处理工艺合成透明涂料，合成过程绿色低碳，并且该涂层具有可转换的加工性、完全的生物降解性、内在的阻燃性和高透明度。使用后，它们可以通过使用盐水溶液浸润和水洗来完全去除。整个过程不需要任何有机溶剂。最终，材料和涂层过程都是环保的，这种具有全生命周期环境友好性的可转换多功能涂层显示了巨大的应用潜力。仿贝壳结构水性涂料表现出优异的阻燃性、超高的透明度、耐水性、出色的生物相容性和完全的生物降解性。它们可以作为一种多功能的环境友好型涂料来保护各种可燃材料，如木地板、家具、书籍、棉纤维和丝纤维。

3. 仿贝壳多级结构超强超韧材料

麻省理工学院的研究者们以鸟蛤的贝壳为模型体系，研究了贝壳超强超韧的微观结构及机理。其化学组成主要为碳酸钙与少量有机质复合而成。碳酸钙首先形成表面有波纹状有序

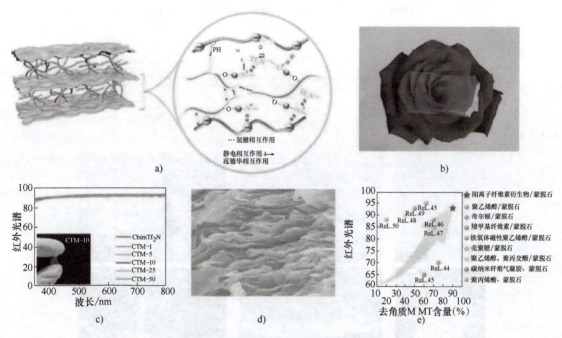

图 2-15 仿贝壳结构水性涂料结构和性能

微观结构的薄板，薄板之间填充壳聚糖有机质，形成一级有序结构，而后各个薄层呈现出 30°~40°之间的"人"字形交叉互锁结构，形成二级有序结构。多级有序结构之间相互协同，使贝壳呈现出超强，超韧的特性。

在明晰了贝壳超强超韧的机理之后，研究者希望能仿照其结构制备超强超韧，且具有生物相容性的结构，首先制备最微观的表面具有波浪形有序结构的薄片，将其作为一级有序结构。为此，开发了一种在聚甲基丙烯酸酯（PMMA）基材表面制备并剥离图案化的壳聚糖-碳酸钙薄膜的策略，如图 2-16 所示。通过优化膜的厚度，基于两种材料在脱水过程中收缩性的差异，碳酸钙（CA）膜会自发形成波浪状的有序结构，而后与支撑体自发分层脱离，在没有任何外界机械应力介入的情况下，这种方法可以制备 $7\mu m$ 厚的碳酸钙膜，并可以实现在水平尺度上毫米级的宏量制备。

已经制备了表面具有波浪状有序突起的薄层结构，在此基础上希望制备更高级的有序结构。通过将制备好的 CA 膜在丝素蛋白的溶液中依次堆叠，将丝素蛋白均匀地分散在各层 CA 膜中，形成 CA 膜与丝素蛋白的层层交替组装结构，成功地制备了 CA 膜-丝素蛋白层压板。研究者将近 300 个 CA 膜堆叠在一起，并利用其中的丝素蛋白将这些膜黏合在一起。与此同时，这种制造方法也使相邻 CA 膜带有波浪状有序突起的面彼此相度，从而形成了 CA 膜的横向"互锁"排列，构成了更高级的有序结构，如图 2-17 所示。将这种交替层状复合材料进行压缩，以挤压出其中的空气，并使各个薄层达到平整，最后在温和的环境条件下逐渐干燥，固结形成 1.5mm 厚的复合材料，其中矿化物含量达到 70% 以上。这种制备方法有效地解决了，因为几丁质的收缩导致的形状变形问题。

在通过仿贝壳结构制备具有互锁结构的矿化复合材料之后，研究者测试了它们的力学性能。具有多级有序的互锁结构的矿化复合材料，抗拉强度达到 48MPa，拉伸韧度也达到

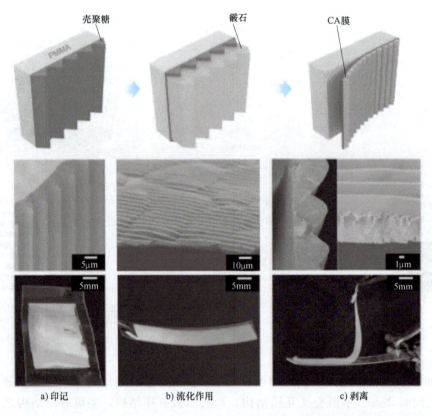

图 2-16 仿贝壳结构制备具有互锁结构的矿化复合材料示意图

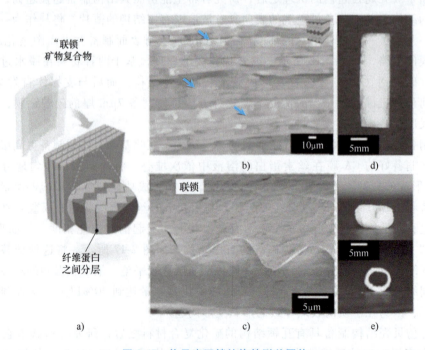

图 2-17 仿贝壳互锁结构的形貌图片

近400%，相较于同等条件下的平面结构，性能有了85%以上的提升。通过有限元分析可以发现，在平面结构时，应力是通过较软的有机质传递；而在具有互锁结构的复合材料中，应力是通过较硬的矿化层传递，这有效地提高了复合材料的抗拉强度。互锁结构的矿化复合材料的刚度虽然比天然珍珠质低一些，但其矿化程度相对于珍珠质的95%而言更低，并且这种方法也可以制备环状等珍珠质难以形成的结构。这种制造非平面仿生珍珠质结构的复合材料有助于拓展其在工程实践中的应用。

4. 仿生强韧导电贝壳

鲍鱼壳是贝壳中的一种典型代表，其珍珠层由95%（体积含量）的文石片（Aragonite Platelet，AP）和5%（体积含量）的聚合物等以"砖-泥"结构致密堆垛而成，其断裂韧度比文石片高三个数量级，是一种理想的仿生模型。目前，高性能仿生层状块体纳米复合材料的基元材料大都采用合成的材料或者无机矿物材料，如氧化铝、蒙脱石、云母、层状双氢氧化物、氧化石墨烯、过渡金属碳/氮化物（Material，Transition metal carbides and nitrides，MXene）。在全球碳排放的巨大压力下，使用更经济、更环保的基元材料制备高性能仿生层状块体复合材料仍然是一项重大挑战。

北京航空航天大学课题组开发了从鲍鱼壳规模化剥离文石片的技术，将过渡金属碳/氮化物纳米片作为功能基元材料并利用氢键桥接，通过刮涂和热压技术将文石片重新组装成仿生层状块体纳米复合材料，称之为导电贝壳，如图2-18所示。导电贝壳的抗弯强度和断裂韧度分别达282MPa和$6.3 MPa \cdot m^{\frac{1}{2}}$。由于过渡金属碳/氮化物桥接文石片形成导电网络，使其展现出结构完整性的自监测和电磁干扰屏蔽功能。这项工作提出的变废为宝仿生组装策略，为开发高性能兼具多功能的绿色仿珍珠层块体纳米复合材料，提供了一条新的途径。

导电贝壳展示出优异的抗弯强度和断裂韧度，均优于天然贝壳和人造贝壳。这归因于过渡金属碳/氮化物纳米片桥接和氢键的界面协同作用提高了应力传递效率。此外，导电贝壳的单层为过渡金属碳/氮化物功能化文石片，其单层厚度比文献报道的仿珍珠层纳米复合材料的单层厚度（20~40μm）低近两个数量级。因此，层间更加丰富的三维界面网络，有效抑制了裂纹扩展，其综合力学性能优于其他许多仿珍珠层纳米复合材料和工程材料。

通过导电贝壳的断裂形貌和理论模拟揭示了导电贝壳的外部增韧机制，如图2-19所示。导电贝壳的裂纹从缺口处开始沿着曲折的路径扩展，同时在裂纹扩展中伴随着裂分支、多重裂纹及裂纹桥接，这可以减缓裂纹尖端的应力集中效应，有效地耗散了大量能量。有限元模拟与导电贝壳的断裂形貌十分吻合，进一步证实了该增韧机制。过渡金属碳/氮化物纳米片桥接文石片形成的导电网络赋予了导电贝壳优异的电导率，可通过监测电阻的变化从而监测导电贝壳的缺陷形成和裂纹扩展，实现导电贝壳结构完整性的自监测功能。此外，导电贝壳在X波段具有优异的电磁屏蔽效能，高达37dB。当电磁波撞击导电贝壳表面时，由于过渡金属碳/氮化物纳米片与自由空间之间存在阻抗失配，大部分电磁波被立即反射，剩余的电磁波在导电贝壳的层状结构内部产生多次反射，导致电磁波被有效吸收和衰减。

5. 仿生交叉层状结构复合材料

受海螺壳结构启发，浙江大学利用表面图案诱导冰模板策略制备了一种具有交叉层状结构的仿生复合材料。这类仿生复合材料的抗弯强度为165MPa，断裂功为$8.2 kJ/m^2$，分别是天然海螺壳的2.5倍和2倍。由于多次裂纹偏转，这种仿海螺壳结构产生的韧性是仿珠母贝结构的2倍。此外，这种仿生复合材料的抗冲击性与铝合金相当。该研究为制备具有复杂结

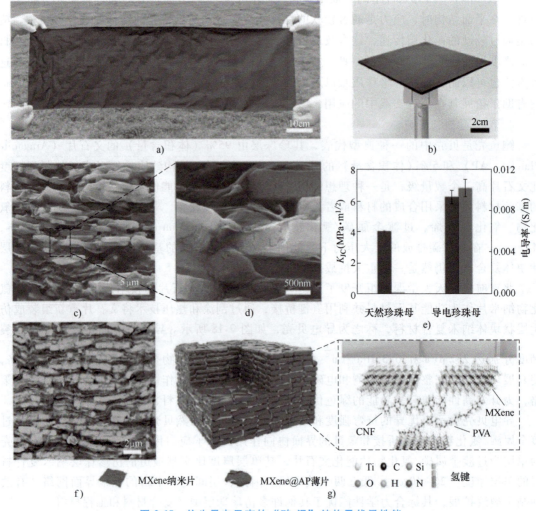

图 2-18 仿生导电贝壳的"砖-泥"结构及优异性能

构和多功能性的仿生材料提供了一种可行的方法。

为了模拟海螺壳的三层交叉层状结构,研究者设计了具有三区域的凹槽图案表面用于冷冻铸造(图 2-20a)。首先,研究者选用宽度约 $5\mu m$,厚度约 250nm 的 Al_2O_3 纳米片作为基本构建组分。冷冻时,当冰晶沿垂直温度梯度(ΔT)方向进行生长,Al_2O_3 纳米片从冷冻前沿被排出到相邻层状冰晶之间的空间中(图 2-20b)。经冷冻干燥后,制备得到了具有独特的交叉层状结构的多孔支架(图 2-20c)。最后,将环氧树脂渗透到多孔支架中,得到海螺壳仿生复合材料(图 2-20d)。通过显微放大技术可以发现仿生复合材料中的每个薄层均由无机层和聚合物层组成(图 2-20e),并且 Al_2O_3 纳米片完全被环氧树脂包围(图 2-20f)。

尽管海螺壳含有高比例的无机成分,但复杂的层状结构为裂纹扩展提供了更多途径,从而提高了天然海螺壳的断裂韧度和抗冲击性。相比之下,海螺壳仿生复合材料也具有类似的宏观三层层状结构(类似于海螺壳中的一级薄片),它们也以不同的方向相互堆叠。进一步将每一个宏观片层放大后发现,每一层都包含许多沿一个方向的片层(类似于海螺壳中的二级片层)。纳米级片层有序地堆叠在无机层中,与海螺壳的基本组成完美匹配,在增韧和

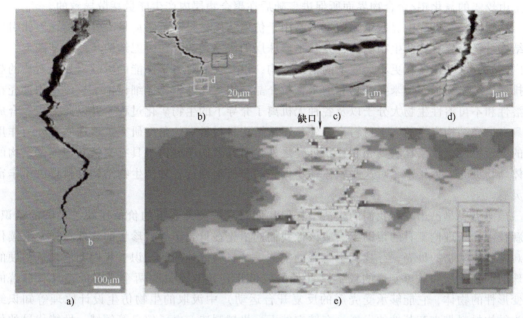

图 2-19 仿生导电贝壳的外部增韧机理

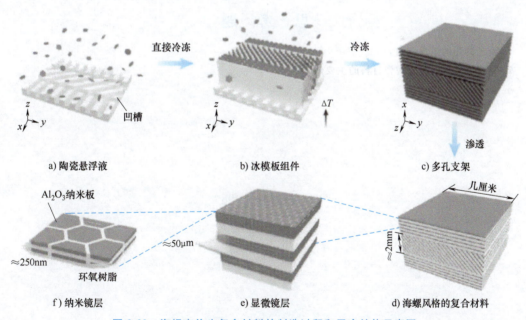

图 2-20 海螺壳仿生复合材料的制造过程和层次结构示意图

抗冲击机制中起着至关重要的作用。海螺壳仿生复合材料的抗弯强度与仿珠母贝复合材料相当，是混合复合材料的两倍。有趣的是，海螺壳仿生复合材料的极限应变几乎是仿珠母贝复合材料的两倍。为了进一步证明交叉层状结构中的增韧机制，研究者通过研究不同复合材料的裂纹扩展路径及其相应微观结构发现，交叉层状结构的广泛裂纹偏转揭示了外在增韧现象。海螺壳仿生复合材料的韧性明显超过了仿珠母贝复合材料，这是因为稳定的裂纹偏转主要是由较弱的氧化铝/聚合物界面所促进，随后在聚合物层内产生能量耗散导致的。

从软体动物贝壳中提取生物仿生策略用于仿生结构材料制备的前景十分广阔，因此引发了结构材料学界对这些生物矿物，尤其是珍珠层的浓厚兴趣。在砖泥结构尺度的基础上，人们广泛研究了珍珠层在更小尺度上的精细结构，以及它们对力学性能的贡献，如文石片的起伏排列、纳米粗糙、纳米夹杂物和纳米颗粒介晶结构。此外，还详细讨论了软体动物贝壳在可溶性和不可溶性生物大分子以及各种无机离子介导下的生物矿化过程，并以此为指导合成了具有贝壳结构启发的人工材料。另外，还从结构材料科学的角度研究了珍珠质在外力作用下的变形机制。除了柱状贝壳和片状贝壳之外，研究者们还分析了具有交错互锁等微结构的软体动物贝壳。近年来，对这些软体动物贝壳的分析为制造各种仿生物结构材料提供了丰富的灵感。

虽然贝壳早已出现在我们的生活中，但我们对它美丽外表下的价值还缺乏足够的认识。在新技术和新理论工具的帮助下，应该像我们的祖先在贝壳中寻找珍贵的珍珠一样，继续仔细观察软体动物的贝壳，寻找其中隐藏的宝藏——材料设计的新知识。我们相信，从坚硬的珍珠层、棱柱层和从可变形的铰链（此处的铰链指连接双壳贝壳两个壳瓣的，具有显著的可变形性的物体，它能够承受壳瓣的反复开合运动）中汲取的生物仿生设计原理等知识终将为结构材料带来变革性的发展。在航空航天、机械制造、电子信息等领域，性能优异的仿贝壳复合材料，有着迫切的实际需求和广泛的应用前景。

思 考 题

1. 简述贝壳的组织结构。
2. 简述仿生层状复合陶瓷材料的主要体系。

第 3 章
竹材料及其仿生设计

竹子系多年生禾本科、竹亚科常绿植物，禾本目禾本科竹属植物，茎多为木质或草质，按繁殖类型可分为丛生型、散生型和混生型三类。丛生型竹子由母竹基部的芽繁殖新竹，民间称"竹兜生笋子"，如慈竹、硬头黄、麻竹、单竹佛肚竹、凤凰竹、青皮竹等；散生型竹子由鞭根（俗称马鞭子）上的芽繁殖新竹，如毛竹、斑竹、水竹、紫竹等等；混生型竹子既能由母竹基部的芽繁殖，又能以竹鞭根上的芽繁殖，如箭竹、苦竹、棕竹、方竹等。全球有竹类植物 70 余属，1200 多种，竹林面积约 5000 万 hm^2（公顷）；中国有 37 属，631 种，竹林面积超过 600 万 hm^2，均居全球首位。

竹子用途十分广泛，竹制日用品几乎涉及人们日常生活的所有领域。同时，竹子也是能够作为结构材料的重要植物，它的强度高、弹性好、性能稳定，而且密度小（$0.6\sim1.2g/cm^3$），因此它的比强度和比刚度高于木材、低碳钢和普通玻璃纤维增强塑料，可广泛应用于建筑工程。竹材良好的力学性能来自经过天然择优劣汰而形成的优化组织结构，其力学行为和破坏形式与人工纤维增强复合材料相似，呈各向异性。此外，竹类还是重要的造纸原料，并具有很高的食用和药用价值。

3.1 竹材料的化学组成

从化学组成看，竹材的化学成分类似于木材，但又有别于木材。竹材主要由纤维素、半纤维素和木质素组成，一般来讲，整竹主要由 40%~60% 的纤维素、16%~33% 的木质素和 14%~25% 的半纤维素组成，还有约 10% 的水分和一定数量的提取物，如蛋白质、淀粉、蜡、脂肪和树脂等。

竹材化学成分是影响竹材性质和利用的重要因素，它赋予竹材一定的力学性能和其他性质。与木材相比，竹材中纤维素、半纤维素和木质素的分布具有极大的不均匀性，不同竹种、同种竹子的不同部位及不同生长阶段的竹材，其纤维素、半纤维素及木质素含量均有变化。例如，在竹秆横截面上沿径向观察，纤维素由外至内逐渐减少，而木质素由外向内逐渐增多。竹龄和胸径对竹子的化学成分也有影响，例如，木质素含量随竹龄的增加而提高，纤维素含量随竹龄的增加而减少，3 年生竹子的纤维素含量基本趋于稳定；纤维组织含量随竹子胸径增加而减少,纤维素含量与胸径存在一定的负相关性。

与木材相比,竹材的 pH 值变化范围偏小。例如,雷竹和毛金竹的 pH 值在 4.80~6.66 之间,平均为 5.698,呈弱酸性。散生竹 pH 值变化范围较大,在 5.42~6.66 之间;丛生竹 pH 值较小,在 4.80~5.72 之间,且普遍比散生竹小。大部分散生竹的基部 pH 值比梢部大,而丛生竹则是梢部 pH 值比基部大,丛生竹的 pH 值变异性较大。

从分子尺度看,竹材是由小分子(单体)通过聚合组成的高分子聚合物,具有两种主要结构形式:一种是线性高聚物,如纤维素;另一种是三元交联网络高聚物,如木质素。它们一般是各向异性和非均匀体。若其价键(如纤维素)受拉伸、压缩或弯曲而引起高聚物分子变形,分子内部受力是相当大的。由不同的 C—C 和 C—O 键的微小转动(如在木质素中)而变形所需要的能量,比原子键变形所需能量少,这也正是木质素强度比纤维素弱的原因。

竹材主要由纤维素、木质素和半纤维素组成。纤维素是碳氢化合物,是植物的基本成分,由单体分子($C_5H_{10}O_5$)组成,其聚合化程度为 500~10000。竹材的力学性能和吸湿性能主要来自纤维素。纤维素是筛格和层状晶格组织,呈各向异性。40 个纤维素链组成纤维单元,单元纤维束组成微观纤维,这些微观纤维集合成竹纤维。竹纤维为中空的管状,纤维壁是由多层与纤维轴成不同角度的微纤维层构成,这种层状螺旋结构大大增强了抗拉性能。木质素是苯基丙烷单元的聚合物,分子式为$(C_6H_5CH_3CH_2CH_3)_n$。竹材木质素的强度比纤维素弱,能提供刚度并改善耐久性。半纤维素是由 150~200 个糖分子组成的多糖化合物(多缩戊糖),比在纤维素内聚合化程度要低得多,在木质化前起基体作用。

目前常见的竹纤维品种主要有竹原纤维、竹纸浆和竹浆粕三种,它们是利用化学方法、机械方法或化学机械相结合的方法,将竹子中的纤维分离制备而成的,这三种竹纤维都属于天然纤维。随着化工技术的发展,近年来出现了新的竹纤维产品,如竹粘胶纤维和竹炭纤维等,它们则属于化学纤维。如竹粘胶纤维是以纤维素含量非常高(90%以上)的竹浆粕为原料,经过化学处理再重新成形为纤维,其主要化学组成是纤维素衍生物。上述几种竹纤维的形态如图 3-1 所示,其形貌差异很大。

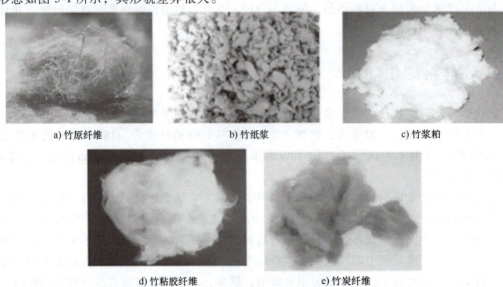

a) 竹原纤维　　　　　b) 竹纸浆　　　　　c) 竹浆粕

d) 竹粘胶纤维　　　　　e) 竹炭纤维

图 3-1　不同竹纤维的形态

1. 竹原纤维

竹原纤维的生产方法：先用温和的化学处理方法软化竹子，再通过机械作用进行纤维分离，其生产过程主要包括竹子软化、开松分丝、纤维疏解和烘干除尘4个工序。根据不同的使用要求，竹原纤维可以加工成不同形态，如图3-2所示。竹原纤维长度为12.35～84.23mm、直径可达75.5μm，其尺寸远远大于竹子中的纤维细胞。竹原纤维实际上是从竹子中分离出来的纤维束，它是纤维细胞的聚集体，由多个纤维细胞相互搭接聚集而成，因而比较粗长。由于制备过程的化学作用比较温和，较大程度地保留了竹子中的天然成分，所以竹原纤维的化学组成除了纤维素、半纤维素和木质素三种主要组分外，还有蛋白质、脂肪、单宁、色素等天然组分。

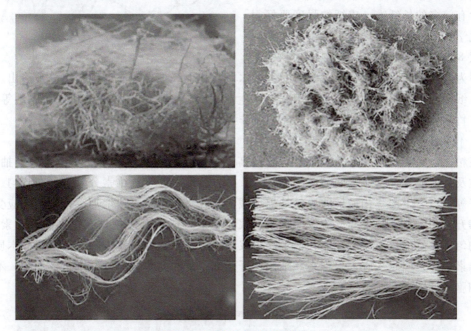

图3-2 不同形态的竹原纤维

竹原纤维由长短不一的纤维细胞组成，纤维细胞间存在较多的缝隙，每根纤维都有一个中空的细胞腔，因此竹原纤维中含有非常多的孔隙。制备过程中，化学浸蚀也在纤维细胞壁上产生了许多孔隙，使纤维细胞腔之间相互贯通形成较长通道，因而竹原纤维具有很强的"呼吸作用"，能进行水分的吸湿、导湿。这些空腔和孔隙大大增加了竹原纤维的比表面积，使竹原纤维具有较大的表面能，从而对水蒸气有很强的吸附作用；另外，空腔和孔隙还能产生一定的毛细管作用，对水蒸气产生较强的传导作用，竹原纤维的吸湿、导湿性能甚至高于棉纤维和麻纤维。

2. 竹纸浆

竹纸浆是以竹子为原料，经过制浆工艺制得的纤维状物质，是纸、纸板和纸浆模塑制品生产的主要原料，简称为竹浆。造纸所用的纤维比较细小，通常需要将纤维完全分散，粗大的纤维束会产生尘埃而影响纸张质量。由于纸浆纤维细小，通常情况下肉眼难以清晰地看到纸浆中的完整纤维，需要借助显微镜才能看清，图3-3所示为硫酸盐竹浆的显微形态。造纸所用的纤维短小，化学法制成的竹浆纤维长度一般为0.5～2.2mm，化学机械法制成竹浆的纤维平均长度不足 1mm，纸浆生产过程的化学和机械作用都比较强烈，竹子中的各种细胞都被完全分离，所以竹浆实际上是各种竹细胞的混合物，其中除了长短不一的纤维细胞外，还有较多的球状、管状和棒状等非纤维细胞。

竹浆中的非纤维细胞含量比木浆高，与木浆相比，竹浆的滤水性差，成纸强度低；但和稻草、麦草、蔗渣、芦苇等浆料相比，竹浆含有较多的长纤维，成纸的强度要好很多。化学竹浆纤维素含量的化学组成大致为纤维素 80%、半纤维素 15%、木质素 3%，

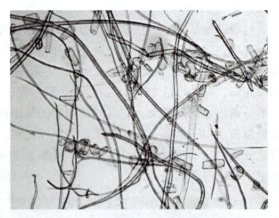

图 3-3　硫酸盐竹浆的显微形态

这是因为在化学制浆过程中，竹子中的大量木质素和半纤维素等非纤维素组分被溶出。竹浆是生产纸和纸板的原料，目前主要用来生产生活用纸、文化纸、牛皮纸和食品原纸等产品；另外，竹浆还可用来生产纸浆模塑制品，用作餐盒及其他包装材料。

3. 竹浆粕

浆粕，也叫溶解浆，是指纤维素含量很高（90%~98%），木质素、半纤维素、抽出物、矿物质及其他成分含量非常低的精制化学浆，具有白度很高、纤维素分子量分布均匀、反应性能好等特点。生产浆粕最早的原料是棉短绒，随着浆粕用量迅速增加，棉短绒供应受限且价格攀升，用木材、竹子和蔗渣等原料生产浆粕也取得成功。浆粕具有很高的纤维素含量，以及均匀、良好的化学反应性能，在生产竹浆粕的过程中，要尽量去除半纤维素和木质素等非纤维素组分，同时还应去除细小纤维和非纤维细胞。因此竹浆粕的纤维组成均匀，不含非纤维细胞，如图 3-4 所示。

图 3-4　竹浆粕的显微形态

浆粕是用来生产再生纤维素纤维［如粘胶纤维、Lyocell（天丝）纤维］、再生纤维素膜（如赛璐菲）及纤维素衍生物（如醋酸纤维素、硝酸纤维素、羧甲基纤维素）产品的原料。目前，竹浆粕的纤维素含量为 91%~93%，主要用作生产粘胶纤维，要扩大竹浆粕的用途，

还要进一步提高纤维素的含量和分子量,在原料选用、蒸煮工艺及提纯技术等方面进行优化。

4. 竹粘胶纤维

竹粘胶纤维是以竹浆粕为原料,采用粘胶纤维工艺生产的一种再生纤维素纤维。粘胶纤维,简称粘纤,又名粘胶丝。粘胶纤维吸湿性好、易染色、不易起静电,有较好的可纺性,广泛用于纺织、服装等领域,是我国产量第二大的化纤品种。与用棉浆粕和木浆粕等原料生产粘胶纤维的工艺过程相同,生产竹粘胶纤维时,先用浓度18%的碱液对竹浆粕进行润胀,再用二硫化碳进行黄化得到橙黄色纤维素黄原酸钠,然后再用浓度为8%的稀碱液进行溶解,制成黏稠的纺丝原液,称为粘胶。粘胶经过滤、熟成、脱泡处理,然后进行湿法酸浴纺丝,纤维素黄原酸钠与凝固浴中的硫酸作用,使纤维素再生而析出成丝,再经水洗、脱硫、漂白、干燥后成为粘胶纤维。

如图3-5所示,竹粘胶纤维表面光滑、均匀,纵向有多条较浅沟槽,横截面边缘呈不规则锯齿形。这种表面结构使纤维表面具有较高的摩擦系数,可产生较好的抱合力,有利于纤维成纱。竹粘胶纤维的回潮率为20%,比其他浆粕所生产的粘胶纤维有很好的吸湿、快干性能。研究发现,竹粘胶纤维织物还有很好的紫外线屏蔽作用,200~400 nm紫外线对竹纤维织物透过率几乎为零,而其他粘胶纤维织物没有这样性能。竹粘胶纤维的结晶度较低、非结晶区多,纤维湿态下容易膨胀,染料液在纤维内部扩散所需的孔道体积增大,从而提高了染料在纤维内的扩散速度,在规定染色时间内有利于染料上染,因而具有良好的染色性。

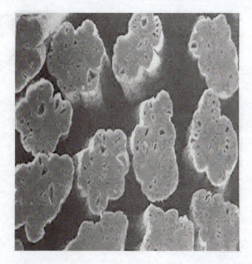 

图3-5 竹粘胶纤维形态结构

5. 竹炭纤维

竹炭纤维是将纳米竹炭颗粒与其他原料进行共混,然后通过纺丝技术制成的一种人造纤维。竹炭纤维的制备过程包括竹炭制备和纤维纺丝两个主要工序。竹炭制备选用5年以上的竹子为原料,采用800℃纯氧高温及氮气阻隔延时煅烧工艺形成纳米微粒,其粒径通常为500 nm左右;然后与其他原料进行共混,再通过不同的纺丝技术将混料制成纤维状物质,竹炭纤维的微观结构如图3-6所示。可根据其用途不同,通过纺丝过程中的工艺参数对纤维的长度和细度进行调整。

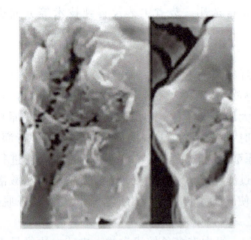 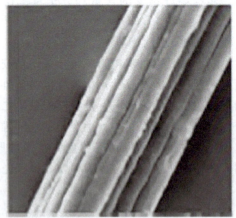

图 3-6　竹炭纤维的微观结构

如图 3-7 所示,竹炭颗粒质地坚硬、细密多孔,内部为蜂窝状微孔结构;主要由 C、O 和 H 等元素组成,再加上丰富的钾、镁、钙、铝、锰等金属元素及其碳化物,因此竹炭具有很强的吸附能力,其吸附能力是木炭的 10 多倍。竹炭具有良好的除臭、防腐、吸收异味,以及抑菌、杀菌功效;它还是很好的远红外和负离子发射材料,具有发射远红外线、负离子,以及蓄热保暖等多种功能。

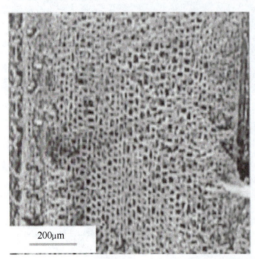 

图 3-7　竹炭的微观结构

竹炭纤维的种类主要有粘胶基竹炭纤维、Lyocell(天丝)基竹炭纤维、涤纶基竹炭纤维、锦纶基竹炭纤维和腈纶基竹炭纤维等,不同种类的竹炭纤维所用母料和纺丝方式不同。在竹炭纤维中,竹炭一般作为辅料使用,其添加量为 3%~7%,所用主料为天然纤维素浆粕或涤纶、锦纶、腈纶等化学合成的高分子材料。由于纳米竹炭的添加,由此制成的纤维也具有很强的吸附、调湿、除菌、除臭、远红外发射、负离子发射、防静电和蓄热保暖等性能,经过纺织制成的竹炭纤维面料可广泛用于各类服装、家纺产品、医用品、垫类饰品,以及其他工业用品的加工。

3.2 竹材料的组织结构

3.2.1 竹材料的宏观结构

竹子的整体结构是一个由基部向上逐渐增减的圆锥空心结构，每隔几厘米至几十厘米有一个竹节，由节的横隔壁组成一个纵横关联的整体，是以竹纤维增强的天然复合材料，竹纤维为空心螺旋形多层结构。如图 3-8 所示，从宏观上看，竹子的茎秆结构由若干段竹节构成，呈空心夹层且底端固定的悬臂梁结构。竹子的结构可以分为中空秆、纤维鞘、节点三个部分。

（1）中空秆 竹子的中空秆是其最显著的结构特点之一。由于中空秆内部有大量腔隙，竹材具有较低的密度，使其在重量上相对较轻。这一特点使得竹材在建筑和家具制造等领域得到广泛应用。

（2）纤维鞘 竹子中的纤维鞘是由纤维束和鞘鞍组成的。纤维束负责输送养分和水分，而鞘鞍则负责提供竹子的韧性和强度。这种独特的结构使得竹材具有较好的抗弯性能和耐冲击能力。

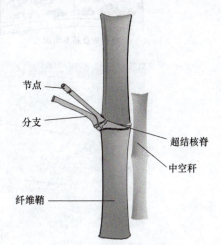

图 3-8 竹子宏观结构

（3）节点 竹子的节点是连接连续竹节的部分，也是竹材中一个重要的结构特征。节点处的竹节比其他部分的竹节结构更加复杂，由于节间的硅酸盐沉积，使得节点处的竹节更加坚硬。这一特点使得竹材在制作器具和乐器等领域具有独特的应用效果。

毛竹的茎秆，从表皮至髓腔的部分，常统称为竹壁。竹壁自外而内，分为竹青、竹肉和竹黄三个部分。竹青是表皮和近表皮含叶绿素的基本组织部分，所以呈绿色；竹黄是髓腔的壁；竹肉是介于竹青和竹黄之间的基本组织部分。

3.2.2 竹材料的微观组织结构

借助显微镜可以看到竹材料的微观组织结构，如图 3-9 所示。可以看出，竹壁的构造自外向内可细分为表皮层、皮下层、皮层、基本组织、维管束、髓环和竹髓，其中基本组织和维管束所占比例最大。

（1）表皮层 表皮层是竹子的最外一层，由长形细胞、栓质细胞、硅质细胞及气孔器构成。长形细胞的数量最多，其形状为长方柱形，沿纵行整齐排列。栓质细胞和硅质细胞的形状短小，常成对结合，散生于长形细胞行列之中。每平方毫米表皮上有数个至十几个气孔。

（2）皮下层 皮下层由 1~2 层小型柱状细胞构成，胞壁较厚。

（3）皮层 皮层由数层至十几层细胞构成，比皮下层细胞稍大。皮层的厚度因竹种及

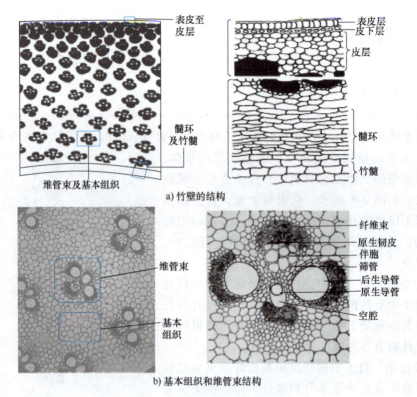

图 3-9 竹材料的微观组织结构

竹子部位不同而有差异,大径竹种皮层细胞列数多于小径竹种;同一种竹子,下部皮层细胞列数多于梢部。

表皮层、皮下层和皮层构成竹子的竹青部分。竹肉是竹壁最厚的部分,由基本组织和维管束构成。

(4) 基本组织 基本是一些多角形薄壁细胞,细胞壁随竹龄增大而逐渐加厚。

(5) 维管束 维管束散生在基本组织中,竹子的维管束为外韧型结构,外围是纤维细胞,围绕在维管束的四周形成维管束鞘产生较高的机械强度;纤维束鞘内为筛管和伴胞,其间隙被木质化薄壁细胞所填充;维管束的空腔为原生的、木质化的环纹、螺纹、网纹或梯纹导管,起到输送营养物质和水分的作用。

(6) 髓环 竹黄由髓环和髓两部分构成。髓环是竹黄的主要部分,为几层至十几层横向整齐排列的砖形细胞。其细胞壁木质化但细胞壁较薄,与髓细胞无明显区别。

(7) 竹髓 竹髓为一些较大的薄壁细胞,一般成膜状,有的成片状或海绵状,竹髓破裂后留下的空隙即竹子中空部分称为髓腔。

竹材是由起承力作用的维管束厚壁细胞嵌在起连接、传载作用的薄壁细胞上而组成的天然复合材料,作为增强体的维管束结构在不同竹种间存在较大差异,可以归为如下五种(图 3-10)。

(1) 开放型 开放型维管束仅由一部分组成,即没有纤维股的中心维管束,支撑组织仅由硬质细胞鞘承担,细胞间隙中有侵填体,四个维管束鞘大小近似相等,相互对称,如图 3-10a 所示。

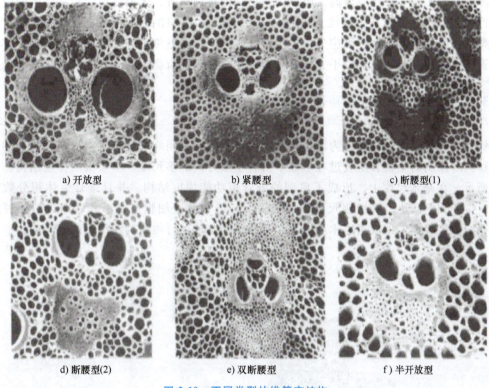

图 3-10　不同类型的维管束结构

（2）紧腰型　紧腰型维管束不存在纤维股，即中心维管束，支撑组织仅由硬质细胞鞘组成，在细胞间隙处的鞘（内方维管束）明显比其他三个维管束大，并向左右呈扇状延伸，细胞间隙中无充填体，如图 3-10b 所示。

（3）断腰型　断腰型维管束由两部分组成，即中心维管束和一个纤维股组成，纤维股位于中心维管束的内方，在细胞间隙处（原生本质部）的鞘（即内方维管束鞘）通常小于其他维管束鞘（图 3-10c、d），具有这一维管束类型的竹类全都是丛生竹竹种。

（4）双断腰型　双断腰型维管束被薄壁组织分隔为三部分，即中心维管束的外方和内方各增生一个纤维股（图 3-10e），具有这一维管束类型的竹类都是丛生竹竹种。

（5）半开放型　半开放型维管束不存在纤维股，但侧方维管束鞘与内方维管束鞘相连，如图 3-10f 所示。

多数竹种中有两种类型并存的现象。竹秆基段、中段和梢段之间的维管束结构也有较大的变化，在所有已观察过的竹种中，维管束的大小从基段到梢段向上是不断减小的，减小幅度随竹种的维管束大小不同而变化。秆壁横切面上，维管束的大小和类型从里到外也有着明显的不同。

维管束在结构上可分为纤维、木质化的导管、筛管和细胞腔等。竹纤维的直径为 $10\sim30\mu m$，长度为 $1000\sim3000\mu m$，纤维壁上明显有节状加厚。竹材纤维有 2 种基本结构单元，即细胞壁相对较厚的微纤维层（厚层）和相对较薄的微纤维层（薄层）。厚层和薄层交替排列构成纤维，薄层为近横向排列，与纤维轴成 $30°\sim90°$ 的螺旋形升角，一般为 $30°\sim45°$，厚层为近轴向排列，与纤维轴成 $3°\sim10°$ 的螺旋形升角。

薄层的木质素含量比厚层高。厚壁细胞沿轴向排列整齐，无斜纹或交错，细胞的腔径较小，竹青部分厚壁细胞（竹纤维）占 60%~70%，对竹材料的力学性能贡献最大，使竹材料具有高的强度和刚度；薄壁细胞分为包围着纤维的网状薄壁细胞和多角形薄壁细胞；竹材料的导管较大，两端开口，端壁平直或略微倾斜。竹秆表面有微突形态和气孔器结构。

3.2.3 竹材料的结构特征

竹子是一种以维管束纤维为增强物、薄壁细胞为基本组织的天然生物材料。长期的自然进化和基因控制的生物自组装过程形成了沿竹壁层方向的多尺度、多层次的梯度结构，如图 3-11 所示。在毫米尺度上，形成了典型的维管束功能梯度结构，并且维管束体积分数沿壁层方向由外到内减小。在微观尺度上，维管束纤维和薄壁细胞通过串并联形成两相复合结构。在纳米尺度上，形成了以木质素和半纤维素为基体、纤维素为增强相的复合结构。

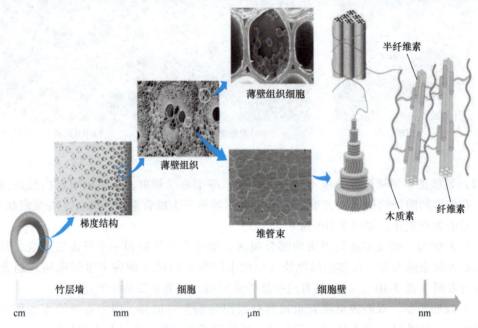

图 3-11 沿竹壁层方向从台面到微尺度的多层梯度结构

在细观层面上，维管束的体积分数和密度沿竹壁层方向从竹绿色到竹黄色逐渐降低，这也在很大程度上决定了其物理力学性质和化学组成的变化。从物理性质的角度来看，竹壁层的硬度和密度以及维管束的直径和间距也具有梯度分布规律，密度从竹绿色到竹黄色逐渐减小，维管束直径和间距依次增大。从化学组成的角度来看，纤维素、半纤维素和木质素在壁层方向上的分布是不均匀的，半纤维素从绿色到黄色增加，而纤维素和木质素减少。物理化学性质沿竹材壁层方向的梯度变化大大提高了竹材料的力学性能。

在微观层面上，刚性维管束梯度均匀分布在柔性薄壁细胞中，形成一个自然平行的"岛链结构"（island chains）系列，如图 3-12a 所示。"岛链"之间的界面（包括不同的水平，如组织、亚细胞和细胞水平）构成了控制竹子刚性和柔性力学特性的关键因素。竹叶和薄壁细胞均含有丰富数量和不同形态的孔（血管上的横纹孔、薄壁细胞腔内的微孔和薄

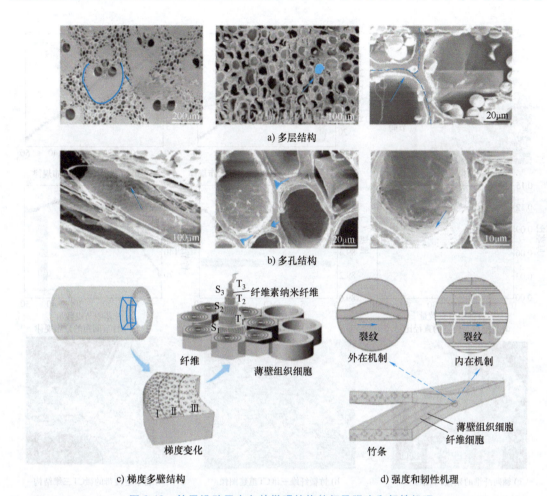

图 3-12 竹子沿壁层方向的微观结构特征及强度和韧性机理

壁细胞间隙),如图 3-12b 所示。微孔隙改变微纤维角的方向,当有外力影响时,它可以吸收能量,通过薄壁细胞和孔隙结构的变形提高断裂韧度,有效的应力在裂缝缺陷的复合细胞间层传递,从而保护竹子。在细胞水平上,维管束和薄壁细胞的复合结构呈梯度变化。竹片的联锁复合界面(图 3-12c)在外力作用下使竹片组织细胞不均匀变形。微裂纹存在于多个区域,内部增韧拉伸,外部增韧桥接,提高了竹的强度和韧性(图 3-12d)。

此外,竹子沿高度方向呈空心结构,竹茎的直径分布从下到上逐渐减小,近似呈线性下降趋势(图 3-13b),达到 1:150~1:250 的长径比,这是传统的生物或机械结构难以实现的。而竹子壁厚和茎径的变化趋势是不变的。总体而言,从下到上有一个逐渐下降的趋势(图 3-13c)。研究表明,竹的壁厚与竹茎的直径的关系。随着竹的高度的增加,同一位置竹子壁厚与竹茎的直径的比值接近固定值 0.12(图 3-13d)。因此,推测竹子优良的力学性能与壁厚与直径之比有关,即当壁厚与竹茎直径之比为 0.12 时,竹的结构具有最好的稳定性,材料抵抗自然载荷带来的弯矩的效果最好。

竹子的宏观结构近似为锥形结构,从下到上逐渐变细,具有一定的锥度(图 3-13e),竹节的间距随着竹节高度的增加而增大后减小(图 3-13f),竹节处纤维较厚,弯曲趋势变化,局部厚度增加,提高了竹的力学性能(图 3-13g)。竹节处的多孔维管束具有不规则的

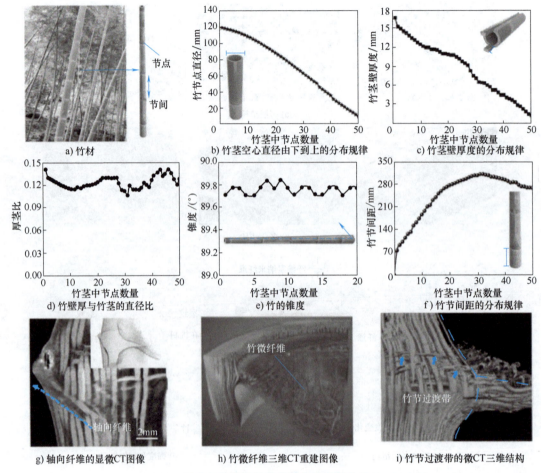

图 3-13 竹子沿高度方向的结构特征

微扭曲排列,具有空间紧凑的联锁(图 3-13h)和各向同性的垂直和水平缠绕结构(图 3-13i),显著提高了竹子的强度、韧性和结构稳定性。

总之,经过数十亿年的进化,竹子在其宏观和微观结构形式中表现出一定的规律和特征,具有了可以有效抵抗弯曲变形的优异力学性能。因此,竹子的结构特性可以为仿生结构设计中先进结构材料的设计提供参考。

3.3 竹材料的性能

3.3.1 力学性能

竹材料具有优良的力学性能,其纵向刚度与木材类似,抗拉强度大约是木材的 2 倍,比强度约为钢材的 2~3 倍,竹材料的断裂韧度和疲劳性能超过多数的工程材料。国内外围绕竹材料的宏观拉伸力学特性以及竹材料纤维和维管束的拉伸力学特性的研究较多,而竹材料薄壁组织拉伸力学性能的研究相对较少,目前还未见关于竹材料输导组织的拉伸力学性能的研究报道。研究竹材料多尺度的拉伸力学性能，对于竹材料力学行为的多尺度模拟，竹材料强韧力学机制的理解，高性能竹纤维束增强高分子复合材料的开发，竹材料仿生结构设计，以及竹材料科学理论体系的完善等方面都有着重要理论和实际意义。

竹材料的密度在很大程度上决定着其力学性能，而密度主要取决于纤维含量、纤维直径及细胞壁厚度，并随纤维含量的增加而增加。竹材料的密度和竹秆部位、竹龄和竹种等因素有关，竹秆上部和竹秆壁外侧的密度大，基部和竹秆壁内侧的密度小；竹材料的密度一般随竹龄的增长而提高；竹子生长越快，维管束密度越低，竹材料的密度也就越低，反之，密度越大；丛生竹的密度大于散生竹的密度。

1. 竹秆中空结构对力学性能的影响

竹子中空节状结构对其刚度和稳定性起着重要作用。根据材料力学可对其宏观结构给出一个近似的估计。将竹子看作一端固定的空心圆筒梁，在生存环境中的竹子承受的外力主要来自风产生的弯矩。由材料力学的弯曲强度理论可知：

梁的弯曲强度条件为

$$\sigma_{max} = \frac{M_{max}}{W_\tau} \leq [\sigma] \tag{3-1}$$

即最大弯矩（M_{max}）截面上的最大正应力不超过材料的弯曲许用应力 $[\sigma]$，弯曲正应力是控制强度的主要因素。因此，要提高杆的强度，除了合理安排受力，降低（M_{max}）的数值以外，主要是采用合理的截面形状，尽量提高抗弯截面模量的数值，充分利用材料。实心圆截面和空心圆截面的抗弯截面模量分别是 W_s 和 W_k。即

$$W_s = \frac{\pi}{32} d^3 \tag{3-2}$$

$$W_k = \frac{\pi}{32D}(D^4 - D_f^4) \tag{3-3}$$

式中，d 为实心杆直径；D 和 D_f 分别为空心杆的外径和内径。当实心杆和空心杆截面积相同时，$\frac{1}{4}\pi d^2 = \frac{1}{4}\pi(D^2 - D_f^2)$ 时，有 $d = \sqrt{D^2 - D_f^2}$ 则

$$\frac{W_s}{W_k} = \frac{\frac{1}{32}\pi d^3}{\frac{1}{32D}(D^4 - D_f^4)} = \frac{\sqrt{1-A^2}}{1+A^2} < 1 \tag{3-4}$$

式中 $A = \frac{D_f}{D}$，显然 $0 < A < 1$，可见 $W_s < W_k$，因此空心圆截面杆的抗弯强度比同样截面积的实心杆要大，并且空心圆截面杆内、外直径的比值 A 增大，其抗弯强度也随之增大。因为，杆弯曲时从正应力的分布规律可知，在杆截面上离中性轴越远，正应力越大，而中性轴附近的应力很小，这样其材料的性能未能充分发挥作用。若将实心圆截面改为空心圆截面，也就是将材料移置到离中性轴较远处，却可大大提高其抗弯强度。所以要充分发挥材料的潜力，唯有空心圆截面。显然，竹子的中空结构惊人地合理。

同时，竹子这特有的中空结构还能进一步提高其稳定性。由欧拉公式（杆的临界力公式）

$$F_e = \frac{\pi^2 EI}{(\mu l)^2} \tag{3-5}$$

式中，F_e 为杆的临界力；E 为弹性模量；I 为惯性矩；μl 为计算长度；μ 为长度系数（杆的一端固定，另一端自由时 $\mu=2$）；l 为杆长度。

将临界力除以压杆的横截面面积 S，可以得到压杆的临界应力，即

$$\sigma_e = \frac{F_e}{S} = \frac{\pi^2 EI}{(\mu l)^2 S} \tag{3-6}$$

利用惯性半径 i 与惯性矩 I 之间的关系 $I = i^2 S$，可以将式（3-6）写成

$$\sigma_e = \frac{\pi^2 E}{\left(\dfrac{\mu l}{i}\right)^2} \tag{3-7}$$

$$\gamma = \frac{\mu l}{i} \tag{3-8}$$

则压杆的临界应力表示成

$$\sigma_e = \frac{\pi^2 E}{\gamma^2} \tag{3-9}$$

式（3-9）为欧拉公式的另一种形式。式中 γ 为压杆的长细比或柔度，是一个无量纲的量，它综合反映了压杆支承条件、长度及截面形状和尺寸的综合影响。式（3-9）表明，γ 值越小，临界应力值越大，而增加惯性半径可使 γ 变小，即提高临界应力。可见，如不增加截面面积，而尽可能把材料放在离截面形心较远处，就能取得较大的 I 和 i，这就等于提高了临界压力（临界应力）。空心的环形截面同实心的圆截面比较，若二者截面积相同，前者的 I 和 i 都比后者的大。因此，空心杆的稳定性比实心杆大得多。

2. 竹秆锥形形状对力学性能的影响

将竹子看作一端固定的空心圆筒梁，外界风的作用力为沿竹秆轴向的均布压力，设其在竹秆任意截面上产生的弯矩为 M，根据式（3-3），竹秆任一横截面的弯曲模量可表示为 W，图 3-14 中给出弯矩 M 和弯曲模量 W 随竹秆高度 H 的变化规律，如果注意到竹筒上任意位置的最大弯曲应力为 $\sigma_m = M/W_x$，其中 M 与 W_x 分别为该处的弯矩与截面抗弯模量，那么，可发现竹子的宏观结构近似地体现了等强度设计原理，各截面抵抗弯曲变形能力基本相同，是一种"等强度杆"。

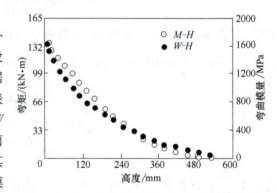

图 3-14 竹秆上外力的弯矩（M）与弯曲模量（W）随竹秆高度（H）的变化规律

因为在风力作用下，沿杆自上而下各截面的弯矩越来越大，竹子根部所受弯矩最大，因而根部最粗。正是由于这种得天独厚的等强度结构，使得高大的毛竹在狂风暴雨中仍能随风摆动，高而不折。另外，在生存环境中的竹子承受的压力主要为自重，竹子下粗上细的独特形态，使自重作用在竹子各截面的压应力近似相等，即近似为等应力压杆，也就是说在自重作用下竹子的锥形压杆最大横截面的弯曲模量（W_k）随高度（H）的变化为理想

3. 竹节对力学性能的影响

沿轴向非均匀分布的竹节是竹子的一个重要特征。竹节在根部要比顶部致密得多，竹节的微观结构与节间不同。

对竹材料而言，竹节的抗劈强度与横向抗拉强度比其他部分都高，带节的竹秆与不带节的竹筒相比，其抗劈强度和横向抗拉强度分别提高了128.3%和49.1%。但是，由于竹节处的几何形状和组织不同于节间，维管束方向不与纵轴平行，组织膨大，维管束有些散开，密度降低，使得竹节处的抗弯、纵向抗拉和抗压强度都有所下降，但竹节处膨大的外部环箍与内部的横隔膜增加了承载面积。在受外力时，竹子并不会首先在竹节处破坏，所以从结构的角度来说，竹节是增强部分而非缺陷。

竹节对竹子结构刚度的影响，使竹子可能的破坏方式有以下两种：

1）由于刚度不够导致局部或整体失稳。

2）由于强度不够导致的劈裂或断裂。对于强度不够，研究表明，在竹节处提高的抗劈强度及横向抗拉强度能有效地防止这类破坏。对于刚度不够，低塑性、各向异性及竹筒的厚度都使竹子很难局部失稳，竹筒整体失稳的半波长都大于2~3个节间长度，横隔膜可使竹筒的横向承载能力提高3倍。因此，竹节可看作是密布的加强筋，可提高结构的刚度与稳定性。

4. 竹材料宏观尺度纵向拉伸性能

对于竹材料不同尺度的拉伸力学试样，其获得难度会有所不同，由于竹材料宏观力学拉伸试样的尺寸较大，易于获取，因此该研究方向已经取得的研究成果较丰富。从宏观尺度竹材料纵向拉伸力学性能研究成果来看，其纵向拉伸力学性能随着竹龄增加而呈现出先增大再减小的趋势；竹材料种类丰富，不同竹种纵向拉伸力学性能会有明显差异。

国外学者研究了意大利5种竹子的力学性能，结果表明其抗拉强度平均值为150~230MPa。纵向抗拉强度与密度成正相关，在竹材料高度方向，基部至梢部，竹材料纵向抗拉强度呈现逐渐上升的趋势；在沿竹壁厚度方向从竹青到竹黄，纵向抗拉强度呈下降趋势。

国内学者将毛竹轴向和径向分别分段和分层取样测试其力学性能，毛竹顺纹抗拉强度和顺纹抗拉弹性模量的径向变异很大，不同位置竹材料顺纹抗拉强度为115.94~328.15MPa，靠近竹青的顺纹抗拉弹性模量约是靠近竹黄的2~3倍，不同位置竹材料顺纹抗拉弹性模量为8.49~32.49GPa，靠近竹青的顺纹抗拉弹性模量约是靠近竹黄的3~4倍。竹节存在会显著降低竹材料的纵向拉强度，但对于竹材料抗劈裂性有显著提升。

此外，还有研究人员制作有节和无节的毛竹拉伸试样并测试其抗拉强度，结果表明有节试样抗拉强度为2435.7MPa，无节试样抗拉强度为2987MPa；竹节的存在使竹材抗拉强度降低了18%。此外，竹材料微纤丝角也会对其纵向拉伸力学性能产生影响。

除了竹材料自身因素会影响其纵向拉伸力学性能，外部条件改变也会造成测试结果的显著差异。水分与竹材料的力学性能有紧密的内在联系，研究竹材料力学性能与水分的关系，对认识竹材料的利用价值十分重要；竹材料纵向拉伸力学性能随着含水率增加呈现出一个抛物线的变化趋势；研究表明，含水率是影响竹材料抗拉强度的关键因素之一，且含水率与材料的抗拉强度呈凸函数关系，其中试验中竹材料含水率为12%时，其拉伸力学性能最佳。顺纹抗压强度随着含水率的增加呈线性减小。

立地条件好的竹材料其纵向抗拉强度比立地条件差的竹材料低，不同立地条件的竹材料其顺纹抗拉强度差异显著；高温热处理竹材料，其纵向抗拉力学性能会随温度升高而增加，当温度达到某一临界值时抗拉强度达到最大，当温度继续升高时，竹材料的纵向抗拉强度会下降。竹材料宏观纵向拉伸力学性能研究结果表明,竹材料是一种典型的天然梯度材料,从竹青到竹黄纵向抗拉强度会逐渐降低,从基部到梢部抗拉强度逐渐上升;取材部位、竹种、竹龄等自身因素的不同,以及含水率、立地条件、温度等外部环境因素的改变,都会使竹材料的纵向抗拉强度结果产生显著差异;研究竹材料宏观尺度纵向力学性能,不仅有助于加深对竹材料基本性质的认知,对于竹材料合理利用及竹产品开发有重要指导作用。

5. 竹材维管束纵向拉伸性能

竹子可视为纤维为增强相,薄壁组织为基体的天然纤维增强复合材料。维管束是竹秆的重要组成部分,维管束主要由含纤维、导管、筛管及伴胞等细胞构成,如图3-15a所示,图中PC为薄壁组织细胞,MV为后生木质部导管,SC为厚壁组织细胞。为更好地对竹材料进行分类,有学者对竹材料维管束进行了深入研究。前面可知维管束分为双断腰型、断腰型、紧腰型、开放型和半开放型5种类型。由于技术的局限性,早期从事竹材料研究的学者未能获得完整的竹材料维管束,因此学者们通过计算的方式得到竹材料维管束的纵向抗拉强度。通过将毛竹壁分成内、中、外3部分,测定了各部分竹材料和维管束顺纹抗拉强度,并得到了竹壁外、中、内竹材料顺纹抗拉强度与维管束面积百分率之间关系的经验公式,在置信度95%条件下,竹壁外、中、内维管束顺纹抗拉强度无显著差异,维管束抗拉强度为950MPa。

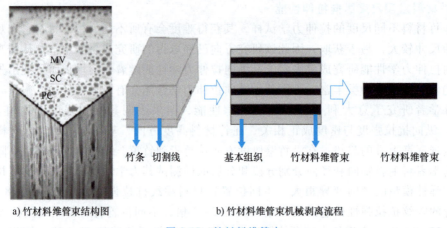

a) 竹材料维管束结构图　　　　b) 竹材料维管束机械剥离流程

图3-15　竹材料维管束

随着科学技术进步和先进实验仪器的研发,部分学者通过机械剥离及化学药剂处理分离出了完整的竹材料维管束,并测试了其力学性能。例如,通过机械剥离出完整的毛竹维管束,测得毛竹维管束的抗拉强度为290~950MPa,模量为19~55GPa,研究还发现维管束抗拉强度和模量沿径向呈外高内低的趋势,而沿纵向随高度增加而变小。

此外还有学者用10%的NaOH溶液溶解掉部分薄壁组织得到维管束,对竹材料不同位置的维管束进行拉伸试验,结果表明在高度方向上竹材料顶部以及中部的维管束抗拉强度高于基部,在横切面上靠近外侧的维管束抗拉强度高于内侧。从上述结果可以看出,竹材料维管束抗拉强度在高度方向的变化规律,因为不同的分离方式产生了较大差异。图3-15b为竹材料维管束机械剥离流程。

竹材料维管束抗拉强度和弹性模量都与维管束中纤维含量有关。研究发现,毛竹维管束纤维含量和弹性模量及抗拉强度间具有很好的线性关系,随着纤维含量的增加,弹性模量和抗拉强度都增大。竹材料的顺纹抗拉弹性模量、顺纹抗拉强度与维管束体积比之间呈线性递增关系,竹材料维管束顺纹抗拉弹性模量为29387MPa,顺纹抗拉强度为453.99MPa。竹材

第3章 竹材料及其仿生设计

料维管束纵向拉伸力学性能不仅会因为分离方式的差异而不同，维管束取材部位及竹材料维管束的类型对拉伸力学性能也有很大影响。除了竹材料维管束自身因素，外界因素如含水率等对其力学性能的影响也是不容忽略的，然而对此方面研究的文献还较少。

6. 竹材料纤维鞘纵向拉伸性能

竹子可视为竹纤维鞘为增强相、薄壁基本组织为基体相的天然纤维增强复合材料，为了探究竹子高强、高韧机制，需要从多个尺度采用不同研究方法对竹材料拉伸力学性能进行研究。与竹材料维管束一样，早期采用"混合定律"计算得到竹材料纤维鞘的抗拉强度和弹性模量，从毛竹中分离出维管束，估算纤维鞘和薄壁组织的抗拉强度和弹性模量分别为581.7MPa、40.4GPa和19.0MPa、0.22GPa。通过测量具有不同纤维鞘含量竹片的拉伸模量和强度，计算得到竹纤维鞘拉伸模量为46GPa，抗拉强度为0.16GPa。

随着技术进步，可以直接通过机械方法获取竹材料纤维束试样并测试其抗拉强度。发现毛竹纤维鞘的应力应变曲线为明显的脆性断裂，其平均抗拉强度为461.03MPa。用激光显微切割技术，制得样品尺寸规则、损伤小的纤维鞘，测试得到纤维鞘的抗拉强度和模量分别是729.25MPa和47.33GPa。用机械剥离的方法得到毛竹纤维鞘，拉伸试验得到纵向拉伸模量和强度分别为42.72GPa和729.25MPa。

获得竹材料纤维束的方法主要有物理机械剥离方法和化学方法，纤维束分离方式的不同，竹材料纤维束拉伸力学强度值会有差异。含水率、年龄和取材部位等因素均会影响到测试结果，因此在研究竹纤维束拉伸力学性能时需要注意控制变量，得到较为可靠的数据；竹纤维束拉伸力学测试中，由于样品尺寸较小，制作困难，且没有统一标准尺寸，这会造成一定的实验误差。

7. 竹材料薄壁组织纵向拉伸性能

在竹子解剖结构中，薄壁组织大约占52%，包括基本薄壁组织和维管束薄壁组织，目前展开研究的主要是基本组织薄壁细胞。早期在研究竹材料力学性能时，用"混合定律"计算得到竹材料薄壁组织的拉伸强度和弹性模量。通过计算得出毛竹薄壁基本组织的弹性模量和抗拉强度分别为0.22GPa、19.42MPa。

随着技术的进步，研究方法也在不断地优化改进，通过机械分离可获得竹基本组织拉伸试样。如通过激光切割的方法获得两种尺寸的基本组织薄壁细胞拉伸样品，测得薄壁基本组织的拉伸弹性模量为1.7GPa，抗拉强度为40.02MPa，断裂伸长率为3.16%，薄壁基本组织拉伸力学性能有显著的尺寸效应，尺寸较大的薄壁基本组织样品的力学性能更接近真实值。

通过对两年生的毛竹节间杆壁上薄壁组织的细胞形态测试和轴向拉伸试验，薄壁基本组织拉伸试样制作如图3-16所示，得到薄壁细胞形态参数和薄壁组织拉伸性能，其平均抗拉强度为13.08MPa，抗拉弹性模量为830.86MPa，抗拉强度和弹性模量在高度方向上具有一致的变异趋势，即增大-减小-增大-减小-增大的趋势，对薄壁组织拉伸失效机制的分析表明，其拉伸失效的实质是胞间层的分离与细胞壁的断裂。

8. 竹材料细胞壁尺度纵向拉伸性能

对木质材料细胞壁尺度力学性能研究，需要使用更加精确与尖端的仪器。纳米压痕技术作为一种新的表征手段，因其具有简单方便和测量效率高等优点而被广泛应用于细胞壁力学性能研究。最早利用纳米压痕法对针叶材料管胞中次生壁层与胞间层纵向硬度的差异进行了探究，开创了纳米压痕技术应用的先河。纳米压痕技术在竹材料上应用较晚，利用纳米压痕技术对竹材纤维细胞力学性能进行了研究，竹纤维细胞壁弹性模量和硬度分别为17.277～

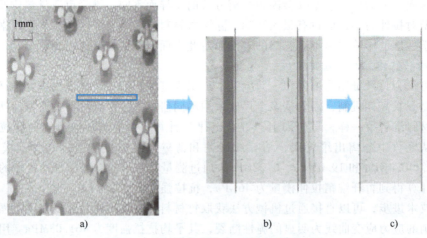

图 3-16 竹材料薄壁基本组织拉伸试样制作

25.50GPa 和 0.55~0.61GPa（1HV=0.0000098GPa），毛竹薄壁基本组织细胞和厚壁纤维细胞壁层力学性能存在显著差异，厚壁纤维细胞弹性模量是薄壁组织细胞的 3 倍以上，硬度无明显差异。

通过峰值力定量纳米力学成像技术研究四年生毛竹纤维细胞壁的弹性模量，得到复合中间层和细胞次生壁的弹性模量分别为 14.4±3.6GPa 和 21.3±2.9GPa，该结果与纳米压痕技术所得结果吻合。还有研究竹龄以及取材部位对竹纤维细胞壁力学性能的影响，毛竹纤维细胞次生壁的弹性模量和硬度随竹龄的生长呈增加趋势，变化范围分别为 8.54~28.06GPa 和 0.425~0.895GPa，5 年生毛竹力学性能最优；同一维管束中，毛竹纤维帽边缘区域弹性模量下降幅度较大，硬度由维管束中心向外围呈显著减小趋势；纤维细胞次生壁不同位置上，硬度始终稳定在 0.8GPa 上下，在靠近细胞腔和复合胞间层区域有轻微浮动；弹性模量变化比硬度大，临近细胞腔和复合胞间层区域比中间区域减小了 3~10GPa。

通过纳米压痕等技术可以得到竹纤维及薄壁细胞的弹性模量与硬度，但是对于竹材料细胞壁壁层纵向拉伸力学性能尚未得知。如何应用更多表征手段，探究竹材料细胞壁在受拉时每一层细胞壁对纵向抗拉强度的贡献需要深入研究。

9. 竹材料的韧性

与大多数植物一样，竹子将纤维素、木质素和半纤维素通过"自下而上"的方式组装，形成多尺度结构。竹子通过"自下而上"、精巧有序的多尺度结构设计，实现了高强度与高韧性的完美组合。风荷载、雨雪、重力等外界应力，在多尺度梯度竹子的截面上得到优化分布（竹青侧可抵抗边缘最大正应力），避免了应力集中的出现，实现整体刚度与韧性的协调。竹纤维细胞壁厚薄交替的多壁层结构、维管束细胞梯度结构及其纤维与薄壁组织的界面对竹子的弯曲性能极为重要。梯度组织结构及多尺度结构能有效避免纤维细胞末端剪切应力集中的发生，并通过"简单组分、复杂结构"的精巧设计对竹子横向缺少木射线起到了功能补偿作用，如通过图 3-17 中的梯度结构实现强度与韧性的构衡。

从分级结构的角度测试毛竹纤维鞘和基本组织的断裂功能后发现，纤维与基本组织之间的界面对竹材料增韧起到了关键作用，机械剥离得到的纤维鞘的断裂韧度大约只占竹材料的三分之一。薄壁细胞在影响裂纹偏转、提供塑性区吸收裂纹尖端能量两个方面极大地提高了

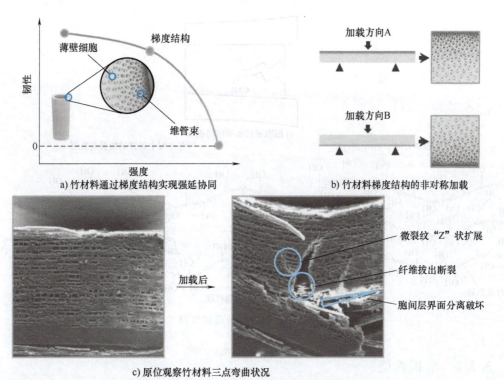

图 3-17 竹材料的韧性研究

竹材料的韧性。纤维束对裂纹尖端有屏蔽作用，在断裂时能有助于释放应力作用，将残余应力重新分布到完整区域，同时在周围区域产生微裂缝增加韧性。在弯曲过程中，拉伸层的薄壁细胞短轴方向变短，长轴方向变得更长，且长轴方向的应变大于短轴，压缩层的纤维之间产生滑移，但未产生形态变化。总的来说，竹纤维抗拉强度高起到承载应力的作用，胞间层起到传递应力作用，而薄壁组织由于腔大壁薄提供了变形空间。

另外，加载方向对具有典型梯度结构竹材料的断裂行为有所区别，通过非对称结构，在应对图 3-17b 中不同加载方向的力时，竹材料呈现不同的力学性能。三点弯曲加载时，试样中性层以上受压、中性层以下受拉伸作用。当竹黄侧受压、竹青侧受拉伸作用时，竹材料断裂韧度较高。从图 3-17c 中可观察到胞间层的界面分离破坏、微裂纹的"Z"字形扩展路径，以及纤维拔出断裂现象。这是因为竹青侧的纤维承受拉伸应力，泡沫状薄壁细胞承担压缩变形部分被挤压以容纳更大的塑性形变。

增韧机制在细胞壁的多层结构上同样存在，如图 3-18 所示（图中 S1 层为竹子表皮层，S2 层是皮下层，CML 为复合胞间层），裂纹被引导至 S1 和 S2 层，微纤丝在裂纹扩展过程中起到了桥联作用，且微纤丝角的变化也使得裂纹在竹材细胞壁层间不断偏转。这一增韧机制在竹材的多壁层结构中也有可能存在。竹纤维的破坏模式也各不相同，断裂发生时纤维中心壁层呈现脆性破坏，外围壁层的断裂面则非常粗糙，有明显的层间滑移和界面失效。在细胞壁中还存在着具有一定延展性的纳米纤维素颗粒。通过分子动力学发现，由半纤维素和木质素组成的基质与纤维素无定形区的界面最为薄弱，但由于纤维素微纤维周围的无定形基质中的氢键可以快速断裂和恢复，聚合物分子间发生如同尼龙搭扣一般的黏滑移动，直至细胞之间的界面彻底分离，通过弱界面增加了竹材料的韧性。

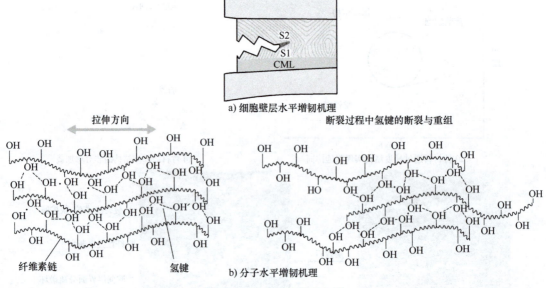

图 3-18 竹材料的增韧机制

3.3.2 磨损性能

在摩擦材料中使用了越来越多的纤维增强复合材料，其基体和增强纤维取向是影响材料摩擦性能的重要因素，尤其是纤维的取向更为关键，人们渴望从自然生物复合材料中获得启示。因此，竹子的磨损行为越来越受到人们的重视。

竹子是由厚壁细胞（竹纤维）和薄壁细胞（基体）组成的一种天然复合材料，竹纤维由许多具有一定螺旋角的厚薄相间的微纤维层组成，纤维平行于竹秆轴向排列，并且距外表面越远其体积分数越小。因此竹子由于组织不均匀，具有明显的各向异性。竹秆的层间剪切强度和垂直竹秆方向的抗拉强度都非常低（与沿竹秆方向的抗拉强度相比），分别约为 $10N/mm^2$ 和 $8N/mm^2$；沿竹秆方向的抗拉强度约为 $200N/mm^2$。不同位置纤维的维氏硬度没有明显差别，纤维比基体有更高的硬度和韧性，纤维和基体的平均硬度在竹秆外层附近最高，往内层逐渐降低，所以竹子的磨损行为也表现出明显的各向异性。

3.3.3 振动阻尼性能

振动与噪声被列为世界七大环境公害之一，抗振减振已成为当前材料科学与结构动力学的研究热点。振动阻尼指摇荡系统或振动系统受到阻滞时能量随时间耗散的物理现象，其本质是将机械振动能量转变为可消耗的能量，达到减振的目的。许多生物材料，通过"自下而上"的自组装技术，形成从纳米尺度到宏观尺寸的多级梯度结构，获得了令人惊奇的阻尼性能。

作为一种天然生物材料，竹材料同样具有精巧的多级结构和优异的界面设计，主要包括厘米级竹节与节间复合结构、毫米级竹纤维束与薄壁组织两相结构、微米级维管束多孔结构，以及纳米级纤维素分子链结构，上述结构特征，从宏观尺度到分子尺度存在惊人的自相似特征和阻尼功能。如图 3-19 所示，在毫米级竹纤维束与薄壁组织两相结构中，薄壁细胞和竹纤维细胞上分布着数量和形态不均的纹孔，纹孔存在使得竹材料微纤丝角走向发生变化，胞间层空隙使得细胞内部孔隙率增加，起到吸声减振作用。在微米级维管束多孔结构中，竹节部位的维管束偏离生长方向，内部胞壁物质增多、密度大且大分子链排列凌乱，分子链内部摩擦加剧，内耗吸能也随之增加；在纳米级纤维素分子链结构中，通过木质素-碳水化合物结合起来的纤维素和木质素组分，其分子链相互摩擦产生的内耗会增加竹材的振动阻尼性能。

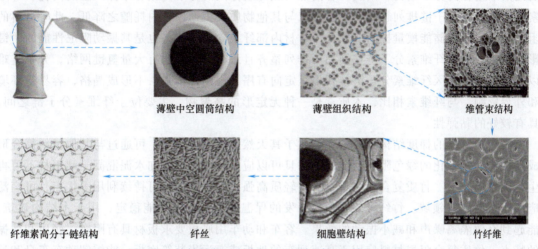

图 3-19　竹材料多尺度分级结构对振动阻尼性能的影响

此外，与木材料解剖结构不同，竹材料主要由维管束和薄壁细胞构成，无径向木射线和形成层，梯度结构和多级复合界面是竹材料兼具优良强韧性能和阻尼性能的构造基础。在较低的加载频率下，梯度分布的薄壁细胞使竹材料具有较小的黏弹性，从而引起损耗模量减小和振动阻尼性能减弱。如图 3-20 所示，竹材料节间组织由轴向排列的细胞通过简单组分、

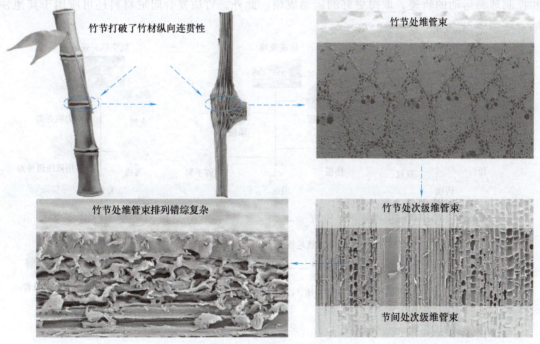

图 3-20　竹节处维管束排列方式

精巧设计完成，打破了竹材料纵向连贯性，降低了微纤丝整体取向一致性和整齐性。但竹节处维管束含量增密增多、排列错综复杂，受外界扰动后，内部纤维素分子链运动时会产生更大的摩擦阻力，竹节的存在提高了竹材料的振动阻尼性能。

竹材振动阻尼性能主要来源于纤维素的结晶结构及由木质素、半纤维素和抽提物等组成的无定形组分的分子结构，以及二者内部与相互组分间的分子链相互摩擦产生的内耗。纤维素含量越高、分子链排列越整齐，越难以与其他物质发生摩擦，内耗随之降低，此时材料的阻尼性能下降、储能模量提高。此外，竹材内部纤维素分子状态也是其振动阻尼性能的关键影响因素之一。纤维素分子链在结晶区排列整齐且致密，内部含有大量氢键网络，分子链难以移动；非结晶区纤维素分子链排列不呈定向有序、规则性不强，不形成晶格，容易受环境和外界影响。与纤维素相比，木质素是一种无定形的高聚物，主要位于纤维素分子链之间，具有较好的黏弹性。

竹材料特殊的梯度结构和复杂组分赋予其天然的高阻尼性能，可通过与其他材料复合形成高性能、轻量化的绿色阻尼功能材料并且可以应用于多领域。如水泥混凝土和钢材不可再生、碳排放较大。竹质复合阻尼材料具有轻质高强、高阻尼性和可持续利用等优点，可广泛应用于房屋建筑领域。竹纤维复合材料开发的保温楼板和墙板性能稳定，用于木结构建筑，能起到有效隔离噪声和减小振动的效果。客车和动车用底板要求板材具有阻燃、轻质和减振的特点。竹质复合阻尼材料应用于高速列车的地板或海运集装箱底板，能缓解动车车身和远洋巨轮受列车速度变化和海浪冲击产生的噪声，有效提高运输的安全性和舒适度。将竹质复合阻尼材料用于篮球场地或滑道等体育场所，发挥其强度高、韧性好、抗冲击性能强的优势，可减小地面对运动员膝盖和脑部的冲击伤害。也可应用于球拍类的拍面，发挥其高弹性、适度阻尼和轻便性的优势，既能保持运动过程中的舒适度，又能帮助运动员更好地判断和控制球类运动的轨迹，取得更好的运动成绩。此外，竹质复合阻尼材料还可应用于其他领域，如图 3-21 所示。

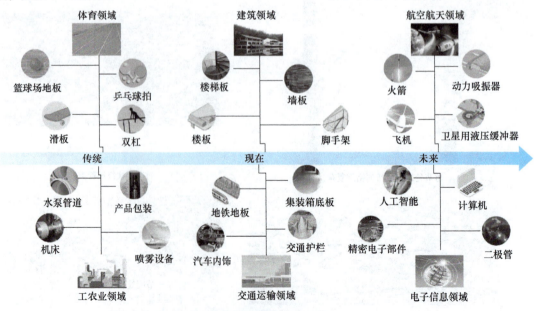

图 3-21　竹质复合阻尼材料的多领域应用

3.4 基于竹材料的仿生设计

随着科学技术的发展,人类对自然生物体的认知在不断加强,许多研究者模仿生物系统的特殊结构,设计和研发出不同的仿生材料。其中,以竹子为代表的天然材料有着独特的结构和优异的性能。从微观结构来看,竹子的杆茎是一种以竹纤维为增强体、梯度多孔木质素结构为基体、包覆竹纤维的天然复合材料。其中,竹纤维是一种高强度微米级纤维材料,起到主要的承载载荷作用,提高了竹材料的强度;而包覆在竹纤维外的多孔木质素结构能够有效降低竹材料密度,当外加载荷较小时,还可借助自身的梯度多孔结构分散载荷,减少局部应力集中,提高竹子的韧性。此外,当竹材料所承受的外部载荷超过其屈服应力时,多孔基体中孔径较大的区域会率先产生塑性变形以吸收外部能量,保护竹纤维,并延缓竹材料断裂。因此,竹材料具有轻量化、高强度、高韧性等优异的力学性能。

3.4.1 仿竹薄壁结构材料

薄壁结构在汽车、航空航天、军事装备和其他工业领域被广泛用作能量吸收元件,以尽量减少对人的伤害,并保护重要结构避免造成的冲击损害。然而,单层薄壁管存在横向能量吸收低、抗冲击性不稳定、横向的刚度和强度差等缺点。因此,需要对薄壁结构进行优化,以确定最佳结构尺寸和形状、材料选择和触发配置等参数。然而,以往的研究很少关注使用仿生方法来设计薄壁结构。

在自然环境中,大多数植物自身的结构用于承受生长环境所施加的重量和负荷。许多生物结构都是管状的,并表现出优异的力学性能,可以有效地降低自重和负荷。竹子是一种具有良好力学性能的天然复合梯度材料,其宏观上具有中空、壁薄、离散分布的竹节等外形特征,微观上具有维管束的梯度分布和细胞壁多层结构。大量对竹子宏观结构和微观结构的研究表明,维管束的梯度分布和维管束与薄壁细胞之间的有机组合(也称为基质组织)保持了竹子优良的力学性能。竹节不仅能够增强竹子的抗弯强度,同时能提高竹子横向抗挤压和剪切的能力。由于其密度低,竹的刚度-质量比比钢、铝等金属材料更高。此外研究表明,竹子具有优良的拉伸、抗弯性能。

基于竹子微观结构的柱状结构仿生设计,可以实现机械产品的低能耗、高速度等需求。竹子的结构是自然界中存在的比较典型的轻量化结构。竹管与薄壁管在载荷、结构和功能等方面的相似性,为薄壁管的耐撞性设计提供了灵感和参考。

结合竹的宏观结构和微观结构特性,设计一种仿竹材料结构,以改善薄壁管的轴向能量吸收和横向承载能力特性,设计步骤如下。

1. 仿生竹节设计

竹节对竹材料的抗弯强度和抗压强度具有明显的增强作用和防劈开、断裂作用。单一薄壁管在径向的承载能力和吸能特性远远低于轴向,在径向碰撞过程中薄壁管很容易被压溃,因此在薄壁管的径向上设计了类似竹节结构的仿生竹节2个,以此提高薄壁管在径向的承载能力,如图3-22所示。

2. 仿生单元设计

维管束是竹材料的主要承载部位，在竹材料的微观结构中可以清晰地看到维管束呈功能梯度分布，竹材料截面的维管束从竹青到竹黄呈现梯度分布，外层致密而往内层逐渐变得疏松。将竹材料的管壁从外到内分为3层，分别称为密集区、次密集区、稀疏区，如图3-23所示，根据各个区域维管束的个数比例进行仿生单元分布的设计，使仿生单元具有一定的梯度分布，3层的由外层到内层仿生单元的数目依次为18、12和8个，如图3-24所示。

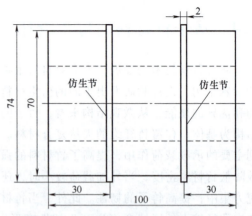

图3-22 仿生竹节示意图（单位：mm）

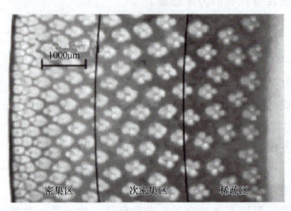

图3-23 竹材料的横截面梯度划分

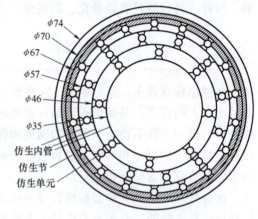

图3-24 仿生内管横截面图

3. 仿生内管设计

在竹子的宏观结构中，地面组织（作为一个基质）连接维管束，并由于维管束嵌入到木质基质中而转移负荷。因此，将这些矩阵图3-24的结构和功能应用到仿生结构中，以提高负载传输和能量吸收效率。设计的连接仿生元件和传输负载的仿生矩阵称为仿生内管。

通过有限元分析软件对轴向动态载荷作用下的薄壁管进行仿真，分析薄壁管在碰撞中的载荷变化、碰撞后的变形模式和比吸能，比较仿生薄壁管与四晶胞管以及圆管的耐撞性。薄壁管在轴向碰撞初始阶段产生一个比平均峰值载荷大很多的载荷，称为初始峰值载荷。初始峰值载荷值越大，说明碰撞时产生的加速度就越大，对成员的伤害就会增强，因此降低初始峰值载荷是汽车碰撞安全设计中的关键之一。本设计中通过峰值载荷和比吸能来评价薄壁管的吸能特性。

利用有限元法模拟轴向载荷作用下单一普通薄壁圆管、四晶胞管和仿生薄壁管的冲击过程，可得薄壁管的变形模式如图3-25所示。结果表明：单一薄壁圆管发生了均匀的渐进屈曲的变形模式（图3-25a）；四晶胞管中的晶胞分布均匀，在碰撞冲击过程中4个晶胞均发生相似的变形模式（图3-25b），与单一普通薄壁圆管相比，由于结构的改变，四晶胞管变形稳定且承受载荷冲击的能力更强；仿生薄壁管在碰撞冲击过程中，由于仿生单元和仿生内管结构的存在，使这种微小的薄壁结构在碰撞过程中同时发生屈曲变形（图3-25c）。

图3-25 单一普通薄壁圆管、四晶胞管和仿生薄壁管的变形模式

通过仿真分析,得到了相同碰撞质量和速度下仿生薄壁管、四晶胞管及单一普通薄壁圆管的载荷-位移曲线,比吸能-时间曲线,如图3-26、图3-27所示。仿生薄壁管平均载荷和比吸能最大,说明碰撞过程中仿生薄壁管吸收的能量最多,吸能效果较好。比吸能最大也说明虽然仿生薄壁管的材料使用最多,质量最大,但是单位质量材料吸收的能量最多;但仿生薄壁管的初始峰值载荷较大,如果将仿生薄壁管在实际的碰撞过程中应用,将可能对乘员或者物品造成伤害,因此需要对仿生薄壁管进行优化,提高吸能的同时降低初始峰值载荷。通过利用响应面法进行尺寸优化,得到了仿生薄壁管的最优解。当仿生单元和仿生内管的厚度分别为1mm和0.628mm时仿真得到的初始峰值载荷值最低,薄壁管载荷和比吸能值分别为157.57kN和34.33kJ/kg,可为吸能管的结构设计和尺寸优化提供参考。

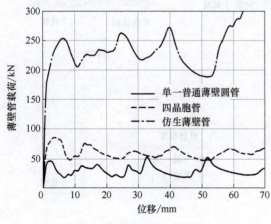

图3-26 薄壁管载荷-位移曲线

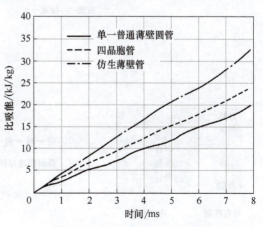

图3-27 薄壁管比吸能-时间曲线

3.4.2 仿竹层压单板复合材料

有许多设计材料具有优异的力学性能,如广泛应用于建筑工程、交通和航空航天的金属碳化物和石油基产品,但这些材料面临着能源消耗大、环境污染大、价格高、使用不可再生资源等挑战。因此,人们对开发低成本、轻质和高性能的新型工程材料作为绿色建筑材料产生了浓厚的兴趣。

经过数百万年的进化,天然生物材料具备结构统一性和出色的力学性能。天然材料的有序性和合理性可以促进材料结构和功能从宏观层面到微观层面的多层次结构设计。竹子是一种天然的生物材料,以维管纤维为增强材料,以薄壁细胞为基质,重量轻、强度和韧性高(比强度比钢高两到五倍,密度是钢的十分之一)及优异的耐候性已被用于生产工程材料,如竹胶合板、层压单板材料、竹墙层材料、致密竹材料等。

然而,由于用于加工的竹单位不根据长度或模量进行分级;竹基材料具有不均匀的铺装结构和内应力;材料的制造需要高密度和高胶含量的加工板,整体能耗高;材料具有不稳定的力学性能等原因,竹材料使用受到限制。此外,在极端温度和湿度的环境或长期负载下,竹胶合板和层压单板木材的界面,很容易脱粘和脱层。因此,需要设计出高强度、高韧性的轻质建筑竹材料。

受竹子自然梯度结构及维管束与薄壁细胞之间互锁梯度界面的启发,设计出一种通过均匀层压和梯度成型方法制备高性能仿竹层压单板复合材料,制备过程如图3-28所示。竹子中维管束-薄壁细胞的定向梯度结构是该材料具有纵向高强度和高韧性的结构基础。从Ⅰ层到Ⅲ层沿壁层方向,维管束的长度和间距增加,纤维体积分数逐渐降低,半纤维素的相对含量逐渐增加,纤维素和木质素减少,硬度和密度及机械强度和冲击韧度也呈下降趋势。此外维管束及其界面的梯度分布也在很大程度上决定了竹材优良的物理力学性能。

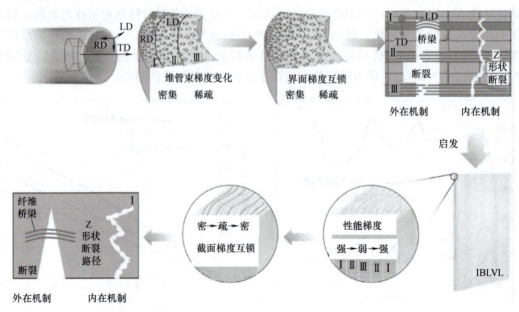

图3-28 仿竹结构层压单板复合材料制备过程

第3章 竹材料及其仿生设计

设计步骤具体如下:

(1) 竹块的制作　使用绳锯沿墙层方向切割样品,用砂光机抛光样品部分以去除毛刺,然后用酒精除去杂质并让样品干燥。

(2) 竹条的制备　用绳锯将每根竹管平均切割成径向两种尺寸的三种竹条,分为外层(Ⅰ)、中层(Ⅱ)和内层(Ⅲ)。

(3) 仿竹结构层压单板复合材料的制作　用织布机和棉线将第一层、第二层和第三层竹束纤维水平织成整体尺寸的单板,然后干燥至含水率为8%~12%。将竹束单元浸入稀释至17%固体含量的酚醛树脂中保持7min,然后在65°空气循环烘箱中干燥至水分含量为10%~15%。利用铺装理论,将硬度较高、模量较高、强度较好的Ⅰ层竹束放置在板的上下层,在地下层和中芯层分别放置硬度较低、模量较低的第二层和第三层,从而设计出仿竹梯度结构(记作 IBLVL)。此外,用同样方法,通过混合铺路制备同样规格的传统竹复合材料板(记作 BS)。

通过对仿竹层压单板复合材料(IBLVL)与传统竹复合材料(BS)进行性能分析发现,与 BS 相比,IBLVL 重量更轻、强度高、密度均匀、湿热稳定性优异,如图 3-29、图 3-30 所

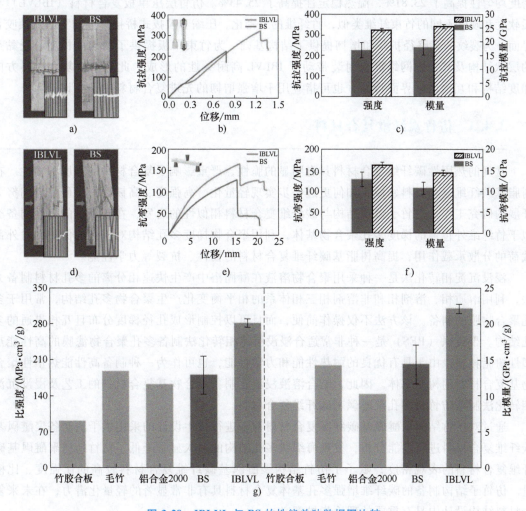

图 3-29　IBLVL 与 BS 的性能单独数据图比较

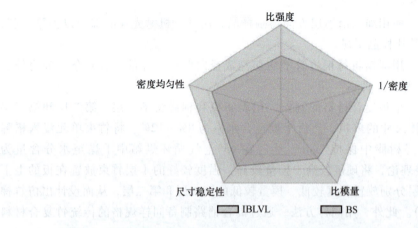

图 3-30 仿竹层压单板复合材料（IBLVL）与传统竹复合材料（BS）性能总体比较

示。与传统竹复合材料（BS）相比，IBLVL 的比强度提高了 56.01%，比模量提高了 53.96%，密度均匀性提高了 23.81%，湿热稳定性提高了 25.43%。仿竹层压单板复合材料（IBLVL）与柔软度和硬度不同的竹束纤维类似，竹纤维的致密化、压缩和拉拔式桥接形成的牢固互锁咬合界面，为裂纹的多路径扩张和增韧提供了结构基础，为竹束单板提供了均匀的梯度。胶黏剂的层状结构及其三维网络沉积封装带动了 IBLVL 高耐久性的形成。此外，竹复合材料方向梯度结构和互锁增强界面特性，也可指导用于增强增韧的先进复合材料的仿生设计。

3.4.3 仿竹炭纤维复合材料

常规的热固性碳纤维复合材料具有明显的脆性，严重影响了复合材料的强度和韧性。在树脂基碳纤维复合材料领域，如何更进一步实现轻量化、高强度、高韧性，是研究者们努力开展的研究工作。受竹子微观结构与碳纤维复合材料相似性的启发，在碳纤维的表面制备类似于竹纤维外包裹的梯度多孔聚合物基体，利用聚合物梯度多孔结构对制件的保护和对外部载荷的分散承载作用，提高树脂基碳纤维复合材料的韧性、抗裂等力学性能。

浸没沉淀相转化法是一种采用聚合物溶液在凝固浴中产生快速相分离的多孔材料制备方法，利用溶质相、溶剂相和非溶剂相三相体系的相平衡变化产生聚合物多孔结构，常用于多孔聚合物膜的制备。该方法不仅操作简便，而且可以控制形成孔径梯度分布且互相贯通的多孔结构。聚醚砜（PES）是一种非常适合浸没沉淀相转化法制备多孔聚合物滤膜的高性能热塑性树脂材料，由于具有优良的耐热性能和力学性能，也可作为一种制备高性能热塑性聚合物基复合材料的树脂基体。因此，结合溶液浸渍法制备聚合物基复合材料的工艺及浸没沉淀相转化法制备仿竹材多孔聚醚砜基碳纤维复合材料。

通过对仿竹结构聚醚砜基碳纤维复合材料与未进行仿生设计的采用烘干法制备聚醚砜基碳纤维复合材料进行性能分析，发现海绵状多孔结构的引入显著降低了仿竹结构聚醚砜基碳纤维复合材料的表观密度，赋予了仿竹结构聚醚砜基碳纤维复合材料较高的比强度、比模量。仿竹子结构制备的碳纤维增强多孔基体复合材料具有非常显著的轻量化潜力，在未来复合材料结构设计中具有重要的理论指导意义。

3.4.4 仿竹轻质减振层压结构材料

随着全球城市化和国际贸易的不断增长,城市轨道交通系统(如高铁、地铁、磁悬浮和城市快速轨道)得到了快速发展,为地区之间的商务旅行和经贸交流带来了极大的便利。用于铁路车辆地板的传统碳钢、不锈钢、铝合金和其他复合材料面临挑战,如减振和隔音差、高能耗,以及使用不可再生资源。现代铁路列车比常规铁路列车更快,运行环境也更复杂(高海拔、严寒地区、湿热地区)。因此,对于地板具有更严格的轻质、减振、降噪、隔音和耐火要求。因此,开发具有轻质和减振能力的低碳、可持续的铁路车辆地板结构材料变得越来越重要。

受竹材料精巧复合结构和多级界面的启发,研究者设计了一种"自上而下"简单有效的两步加工法,利用木单板和竹炭塑料板中的多尺寸天然空隙结构与废弃橡胶板的阻尼特性相结合,成功开发了一种轨道交通车辆底板用串联式可再生轻质阻尼减振复合材料,如图 3-31 所示。仿竹轻质减振层压结构材料具有轻质减振、阻燃耐候、抗冲击和耐疲劳等优势,满足"铁路客车和电动车组地板"的基本性能要求,可用于高速铁路车辆地板。该复合材料的多功能性是通过层压阻燃处理的木饰面、高耐磨性、高模量竹塑木炭片表面层和减振橡胶芯层来实现的。多种性能的协同作用是通过由分层孔隙-木材细胞-橡胶颗粒组成的串联-并联紧密结构,以及不同软硬材料的强化复合界面实现的。

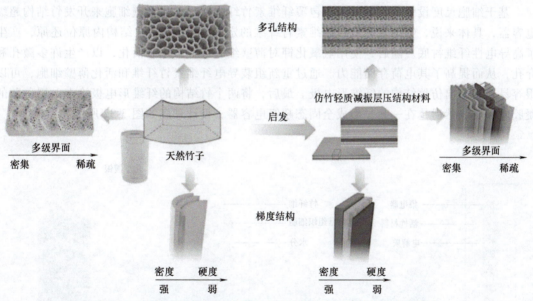

图 3-31 轻质减振木皮/竹炭塑料/层压板/复合材料的仿生制造概念

3.4.5 仿竹超级电容器结构材料

柔性纤维/纱线基超级电容器因其高容量而广泛用作可穿戴电子产品的储能设备,并且可将其小型化并编织成具有所需形状的纺织品。大多数柔性纤维/纱线基超级电容器由两个相对的电极组成,由凝胶电解质隔开,柔性纤维/纱线基超级电容器关键问题是制造纤维形电极并将它们组装成纤维形器件。纤维形电极可以通过在集流体（即导电光纤）周围包覆活化材料来实现。为了实现高电容性能，纤维形电极需要具备高质量负载和出色导电性的纤维支架，同时保持机械灵活性。目前的应用中采用了多种纤维支架，例如，炭质纤维、金属线、合成聚合物纤维和天然纤维。其中，来自生物质的天然纤维（如棉花）因其成本低、重量轻、天然可持续性等特点，在纤维形电极的制造中引起了广泛关注。

  与其他生物质材料相比，竹子具有生长速度高、纤维强度高、挠度超大等特殊优势。更重要的是，其组织结构相对简单，主要由薄壁细胞和纤维细胞组成。薄壁细胞紧紧地包裹在纤维周围，纤维的空心超高长径比被认为是具有电子转移电位的天然纤维。此外，薄壁细胞的细胞壁中有很多纳米级和微米级的孔隙。这些天然孔隙结构能够为周围细胞提供额外的通道，从而缩短离子扩散的距离。这种组织结构和功能与超级电容器中的纤维形电极高度相似，其中具有电荷存储功能的活化材料围绕着具有电子传输功能的集流体工作。此外，竹子中所含的水分类似于超级电容器中所含的电解质，纤维细胞对水的亲和力强，是水性化学镀实现导电性的良好支架。脱木质素的纤维保留了纤维素的取向，并形成了具有丰富微纤维的相互连接的多孔结构，从而转变为纤维素竹纤维。

  多尺度网络结构易受压缩、弯曲、拉伸和扭转变形的影响，使纤维能够吸附导电纳米颗粒并表现出优异的柔韧性。这使得纤维素竹纤维非常适合作为纤维形电极中的集电体。并且，具有多壁层结构和凹坑结构的薄壁细胞适合作为纤维形电极中活性材料的前驱体材料。因此，天然竹结构可以在功能化后从原始竹细胞重建形成纤维形电极。

  基于细胞尺度设计，用导电的银包覆纤维素竹纤维并且活化薄壁细胞来开发竹结构超级电容器，具体来说，银纳米颗粒在纤维素竹纤维的定向3D互连多孔结构内原位还原，产生了高导电性纤维衬底。随后，使用氢氧化钾对薄壁细胞进行碳化和活化，以产生许多微孔和介孔，从而提高了其电荷存储能力。通过重新组装导电纤维素竹纤维和活化薄壁细胞，可以很容易地制造出仿竹结构的纤维形电极。最后，将两个竹结构的纤维形电极涂上一层薄薄的凝胶电解质，然后捻在一起，形成全固态超级电容器，设计理念如图3-32所示。

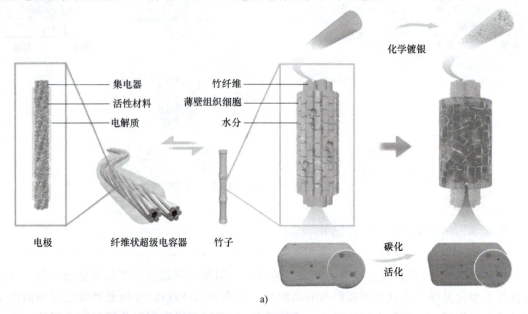

a)

图 3-32　仿竹结构纤维形电极的设计理念

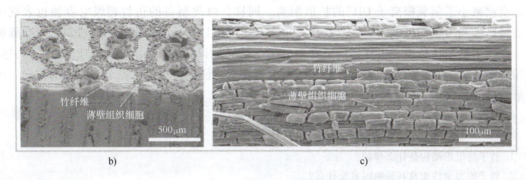

图 3-32 仿竹结构纤维形电极的设计理念（续）

仿竹结构纤维形电极的性能（图 3-33）优于先前报道的纤维形电极，这可以归因于激活纤维素竹纤维的特殊结构和良好的电极系统。多孔结构促进电解液良好渗透到电极材料表

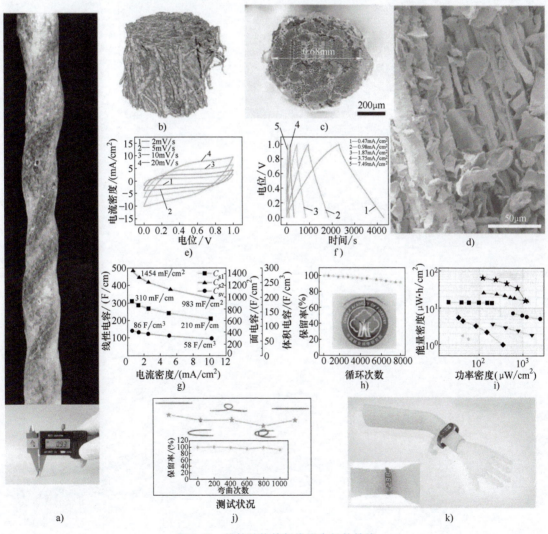

图 3-33 仿竹结构的纤维形电极的性能

面，直接减小了氢氧根离子 OH^- 的扩散距离。同样，以此制备的仿竹超级电容器也表现出高能量密度和出色的机械柔韧性，在任意角度弯曲时都具有低电容损耗。通过制造可穿戴腕带，证明了基于仿竹超级电容器的可穿戴电子产品储能设备的实际可行性。以竹子为灵感，利用基于其生物结构的纤维素竹纤维和薄壁细胞开发储能设备提供了一个有前途的方向，可为后续研究提供借鉴。

思 考 题

1. 竹子的组织结构是什么样的？
2. 竹子的力学性能及其影响因素是什么？
3. 简述竹纤维的种类及性能。

第4章
木材及其仿生设计

木材经过数百万年的进化，已形成了能满足多种功能要求和耐受各种环境应力的微观结构和材料组成，如高达30m的细树干，能在强风等恶劣条件下支撑其庞大的树冠，经受着复杂的静态和动态应力作用。与此同时，木材特殊的多级孔结构能将足够多的水分输送至树顶，维持细胞正常的功能。

在众多天然生物体材料中，木材是目前应用范围最广、历史最悠久的一种，它是由50%~55%的纤维素、15%~25%的半纤维素和20%~30%的木质素为主要成分构成的天然复合材料。根据材料的结构特点，可以将木材看成是取向纤维在无定形基材中的集合体。尤为重要的是，木材具有以蜂窝状孔结构为鲜明特征的多级孔结构，这种孔结构形式是现有技术无法制取的。木材独特的化学组成、显微组织结构和多级孔结构体系，为木材高性能化、功能化改性，以及设计和制备结构和功能独特的新型材料提供了极大的空间。

目前，以木材为生物模板，合成和制备具有生物形态的陶瓷及其复合材料，已成为仿生材料科学领域重要的研究内容之一。仿木材材料在航空航天、化学催化、生物医学、摩擦磨损等领域已崭露出优异的性能，具有广阔的应用前景。

4.1 木材的种类

植物界的各种植物，根据其相似性和相异性可以划分为藻菌植物、苔藓植物、蕨类植物和种子植物四大类（或叫四大门），门以下细分为较小的分类单位，即纲、目、科、属、种。其中，种子植物具有最为复杂的根、茎、叶的分化，并具有复杂构造的花。种子植物可分为一年生、两年生或多年生的几种，而有一部分多年生种子植物的茎能继续生长和增粗，这就是木本植物。木本植物的一般特点是具有多年生的根和茎，维管系统发达，并能由形成层形成次生木质部和次生韧皮部。次生木质部的细胞组织木质化，在根、茎的生长和增粗过程中，次生木质部的比例很大，因此许多高大的木本植物是木材生产的来源。

1. 根据生长习性分类

根据生长习性的不同，木本植物习惯上又分为乔木、灌木和藤本三种类型。乔木和灌木均可称为木本植物；但藤本却包括草本的攀缘植物（如豌豆），木本植物中的藤本通常称木质藤本。

（1）乔木　通常指具有单一的主干，树高在 7m 以上的木本植物。

（2）灌木　通常不是单一主干的，而是多干的，常在干和根的交界处分枝而成为几条主干，高度常在 7m 以下。

（3）藤本　茎不能直立，但攀缘于其他物体（如岩石或其他树木）上的缠绕木本植物，常见于热带森林中。

2. 根据结构形貌分类

木材是从种子植物的乔木（平常多称为树木）中产生。根据树木叶的形状和特点，分为软材和硬材。这里所说的硬材和软材，不是指木材的硬度，而是指结构形貌，即硬材有大的孔隙，而软材没有。

（1）软材　习惯上将叶呈针状或鳞片状等，树干常不分大叉、高大而通直、"枝下高"较高，年轮明显，管胞排列整齐的松杉（或松柏类）和银杏等乔木，称为针叶树材或针叶材、松杉材，国外通称软材。软木属于包含针状叶的快速生长树木，并且呈现由平行于生长方向排列的导水细胞组成的高度多孔结构。

（2）硬材　将木本的双子叶植物中的乔木树种，称为阔叶树材或阔叶材、双子叶植物材，国外通称硬材。硬木（通常来源于阔叶树木，通常是在冬季休眠的落叶树木）含有紧密堆积的厚纤维细胞和传导水分的细胞，具有较低的孔隙率（较高的比重）和较高的机械强度。

各种树木具有不同的构造，因而它们的木材性质也就各不相同，这种差别是一种遗传特性。同时，这些产生木材的树木也不断地受环境的影响，并可引起木材性质和构造上的变异。正是各种木材的构造都具有一定的特征，所以就可通过观察这些构造特征来识别木材，对木材进行鉴定。木材产自植物，但并非所有的植物都具有木质茎干，同时也不是所有具有木质茎干的植物都产生可供工业利用的木材。木材只产自大部分裸子植物和一小部分被子植物的双子叶植物，而且主要来自乔木的树干部分。全世界的裸子植物和被子植物各约有 800 种和 25 万~35 万种，我国大约各占 300 种和 2.5 万种。

4.2　木材的化学组成

木材是利用土壤中的水分、空气中的 CO_2 和太阳能通过光合作用而生长的有机体，具有复杂的细胞形态、孔隙结构和组织结构，是一类结构层次分明、构造有序的天然高分子复合材料。其各种成分的分子结构差异很大，化学组成也不相同。但无论是针叶树材或是阔叶树材，其纤维素含量大致相同，而木质素和半纤维素的含量很不相同。

木材的化学成分通常分为主要成分和浸提成分两大类。

1. 主要成分

木材细胞壁的主要成分是纤维素、半纤维素和木质素等，其质量含量分别为 30%~55%、10%~20% 和 10%~30%，其中纤维素主要是由葡萄糖单体聚合而成的线性聚合物，具有一定的结晶度，分子内及分子间具有较强的氢键；半纤维素则是由木糖等糖基聚合而成并具有一定分支度的复杂聚合物；木质素是以苯丙烷基聚合而成的大分子。纤维素和半纤维素结合在一起称为综纤维素，属于糖类中的高聚糖；木质素则属于芳香族高聚物，三者总计一般约占到生物质原料总质量的 80%~95%，是构成木材细胞壁和胞间层的化学成分。

(1) 纤维素 是植物细胞壁的主要结构成分,它是一种由脱水 D-吡喃葡萄糖通过"β-1,4-苷键"结合而成的、没有分支的刚性链的线性高分子,分子式可用 $(C_6H_{10}O_5)_n$ 表示,通常由 5000~10000 个葡萄糖单元组成,具有很高的抗拉强度。图 4-1 为纤维素的分子结构。纤维素无味无臭,不溶于一般有机溶剂,也不溶于水与稀酸、稀碱,是造纸、人造纤维、玻璃纸、胶片、塑料及涂料等工业的重要原料。纤维素纤维是由许多纤维素链分子聚集形成的。

(2) 半纤维素 半纤维素是由存在于植物细胞壁中许多基本的糖单元所组成的碳水化合物的总称,这些基本糖单元主要是六碳糖(D-葡萄糖、D-半乳糖和D-甘露糖)和五碳糖(L-阿拉伯糖和D-木糖)。图 4-2 所示为半纤维素的分子结构。半纤维素由一个线性链作为主干,且有许多支链,比纤维素具有更低的聚合度,其不溶于水而溶于碱液,遇酸极易水解。

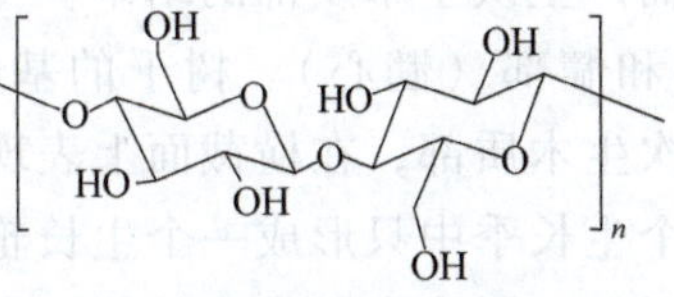

图 4-1 纤维素的分子结构   图 4-2 半纤维素的分子结构

(3) 木质素 是由两种苯基丙烷为基本骨架,以各种方式结合成的巨大分子,具有醇和苯酚两种不同性质的羟基。图 4-3 所示为木质素的分子结构。当化学试剂与木材反应时,它即成为反应的活化点,也是木材进行化学反应及与其他材料复合的物质基础,反应特性与其化学成分及所在位置有关。

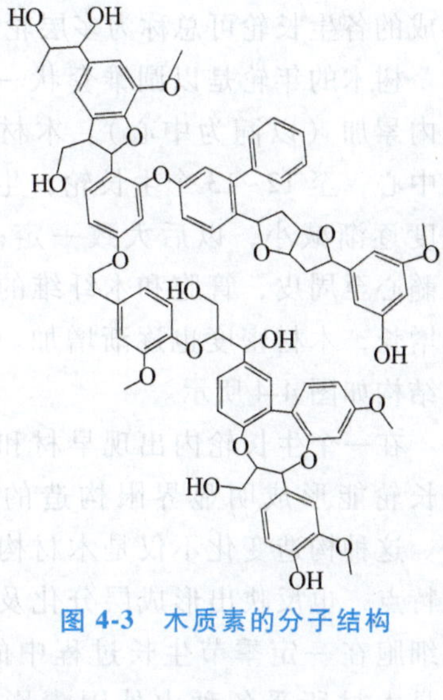

2. 浸提成分

浸提成分不是构成木材细胞壁的主要物质,可用适当溶剂浸提除去而不影响木材细胞壁的物理结构。浸提成分主要存在于细胞腔内或特殊组织中,有时也沉积于细胞壁内,有的只存在于特殊树种中,与树木的生理作用有直接或间接关系。浸提成分的量因树种不同而有很大变化,一般在 10% 以下,主要有果胶质、蛋白质、无机物、油脂、树脂等。

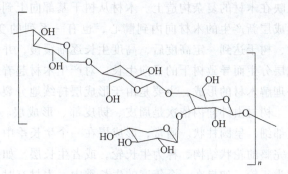

图 4-3 木质素的分子结构

木材平均的元素质量含量约为 50% 的 C、43.4% 的 O、6.1% 的 H、0.2% 的 N 和 0.3% 的无机成分。其中,无机成分常与树胶和果胶酸结合,主要包括 P、S、Si、K、Na、Ca、Mg、Fe、Cu 和 Zn 等元素,其中 Si 多以晶体形式沉积在细胞内,硬度大的木材就是由于向木材细胞输送了较多的 SiO_2 或其他物质的缘故。这些无机成分虽然含量很少,但却对树木的生长起到了极为重要的作用。有些主要无机成分,如果缺一种成分,树木就不能充分发育成长,以至于逐渐衰弱,甚至枯萎死去。在边材裂缝、心材裂缝或轮裂中,有时发现大量无机沉积物,主要有碳酸钙、琥珀酸铝和硅沉积物等。

4.3 木材的结构特点

木材是由各种不同的组织结构、细胞形态、孔隙结构和不同化学组分构成的复合体,是一类结构层次分明、构造有序的天然高分子复合材料。

4.3.1 木材的组织结构

树木在个体发育过程中,从幼龄到成龄再到过熟老龄的各阶段,存在着老化的过程,也反映在木材的复杂构造上。木材从树干基部向上到树冠内主干枝的梢部,有纵向的变化;从形成层新产生的木材向内到髓心,也有一系列的变化。从宏观上看,在树木整体生长过程中,树干达到一定高度后,高度生长逐渐缓慢,并发展了树冠。这时树干加粗,也就是由形成层分生而导致树干的径向生长,对产生木材起着最主要的作用。所以,从树木生长的机理去理解木材的形成,主要是由于形成层持续地分裂和分化而产生次生木质部的结果。

树材由外向内依次是周皮、韧皮部、形成层、木质部和髓部(髓心)。树干的基部粗、上部细,呈圆柱状。通常,形成层在一个生长季中产生的次生木质部,在横截面上表现为一个完整的轮状结构,称为生长轮,或者生长层。如果在一个生长季中只形成一个生长轮,则称为年轮。如果在一个年度的生长季中,木材有时出现二层、三层或多层的生长轮,在最后形成的生长轮以前所形成的各层完整的或局部的生长轮,都称为假轮或假年轮,对全年内所形成的各生长轮可总称为多层轮,也有人把一年内形成几个生长轮的最后一轮称为真年轮。

树木的年轮是以圆锥套状一层层地向内累加(以髓为中心)。木材以髓心为中心,至12~13个生长轮,生长轮的宽度逐渐减小,以后大致一定;而且,从髓心至周皮,管胞和木纤维的长度逐渐增长,木材密度也逐渐增加。木材分级结构如图4-4所示。

在一个生长轮内出现早材和晚材是生长轮能形成明显界限构造的基础之一。这种构造变化不仅是木材构造的识别特点,也反映出形成层分化及所产生的细胞在一定季节生长过程中的改变,还是木材所受各种内外因素影响的结果。在形成层分化形成木质部的过程中,所产生的各种类型细胞的总生长过程是基本一致的,其中包括体积的增大,绝大多数都会形成次生壁,逐渐地失去原生质体,进而形成以细胞壁为主的结构等。但在生长过程的后期,有些类型的细胞会逐渐、不同程度地填充某些类型的化合物,或者细胞壁结构及其化学组成有些改变。

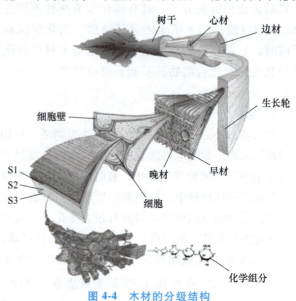

图4-4 木材的分级结构

(1)环孔材 在一个生长季内,由早材过渡到晚材往往是渐进的,一般来说,早材结构不如晚材紧密，具有较大的细胞，其单位面积上细胞壁物质的比例较小。在阔叶树的环孔材中，早材具有成行的较大型的导管，晚材的导管则明显减小。

（2）散孔材　在散孔材中可能出现下列情况，从早材到晚材的管孔孔径大小逐渐减小，晚材管孔数量明显减少，在最后形成的晚材边界上可能出现木材分子种类的变化，如形成由木薄壁细胞或纤维-管胞组成的带、边界的细胞壁加厚或木纤维明显地径向扁缩。

（3）半环孔材　介于环孔材与散孔材之间的中间型称为半环孔材。在裸子植物中，如松属的软松类木材，其早材结构相对比较疏松，而晚材则较致密，由早材过渡到晚材的结构变化基本是渐进的；而在大多数硬松类木材中，晚材厚壁管胞的形成常是突然的。

（4）边材与心材及其过渡区　在一段原木的横断面上，木材的宏观结构和色泽常在不同区域表现出上述的主要变化。习惯上，把靠近树皮以内不同厚度的边缘木材称为边材，从树干中心到边材部分的木材称为心材。后来把边材和心材中间的区域称为边过渡区或称中间区。

属于边材的木质部一般色泽较淡，宏观结构差异不大。其主要特点在于这部分具有木质部全部的生理功能，也就是除具有支持的机械力外，同时对水分运输、矿质和营养物的运输和储藏等起着应有的作用，不但沿树干方向，也在径向与韧皮部有联系。树木随着径向生长和木材生理的老化，心材部分逐渐加宽，并且色泽明显加深。一般心材和边材的界线多呈比较整齐的近圆周形的边界。心材的木质部分的细胞壁有所加厚，针叶树管胞的闭塞纹孔出现，胶质、树脂或其他后含物的渗透，侵填体的形成以及色泽的加深等都是构造变化和化学变化的表现。而心边材过渡区实际上是从具有完整生理功能的边材到形成标准心材之前的一个过渡区域。在不同树种、树龄、主干部位、树木生长速度、自然环境条件或栽培措施等情况下，边材、心材及其过渡区的改变差异较大。尽管有些树种的心、边材区别表面上不明显，过渡区和中间区的含义也不完全相同，但这三个主要区域的划分已为木材学家所公认。

4.3.2　木材的细胞形态

木材是树木的次生木质部，其细胞分为厚壁细胞和薄壁细胞两种，厚壁细胞约占木材体积的85%~95%，其余为薄壁细胞，细胞之间贯通或不贯通，但可以通过纹孔保持相互联系。其中，主要的细胞类型可分为轴向系统和径向系统。

（1）轴向系统　由管状分子（管胞和导管分子）、木纤维（纤维管胞和韧型纤维），以及轴向薄壁组织细胞组成。

（2）径向系统　或称射线系统，绝大部分为薄壁组织细胞。

木材也可看作是由很多不同类型的细胞，通过各向同性的非纤维素胞间层物质（主要是木质素）黏结保持在一起所形成的复合体。

木材细胞结构极其微妙，其典型结构如图4-5所示，木材是由纵横交错且相连的两类细胞单元构成的多孔材料，虽然不同木材功能组织细胞形貌存在差异，但所有木材细胞壁性质相似，由外到内依次为胞间层、初生壁和次生壁。由于微纤丝的排列形式不同，次生壁又可分为S1、S2和S3三层，其中次生壁S2层占总厚度的70%以上，且微纤丝角与轴向近乎平行，这使得木材在轴向具有最高的抗拉强度和最小的干缩湿胀率；木材的多孔性导致其内部含有大量的空气-细胞壁界面，导致光线进入木材后发生了大量的散射和折射，因此木材呈现出不透明性,但细胞壁实质折射率相似,大约为 1.56;同时细胞壁上含有纹孔、纹孔膜、微纤丝交错形成的纳米孔等多级孔洞结构。

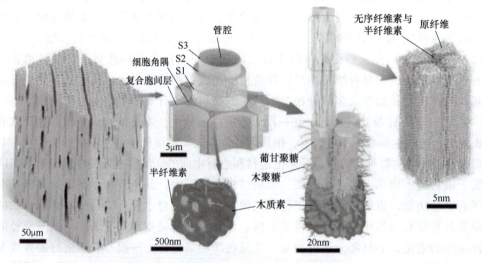

图 4-5 木材细胞结构

上述这些构造特性使木材具有各向异性、高孔隙率、隔热隔音、绝缘和独特纹理,为以调控木材细胞构造制备功能材料的研究提供了结构基础。在纳米结构层面上,木材的差异性进一步减弱。纤维素为木材提供了机械强度,单根的纤维素纳米纤丝的强度可达 1.6~3GPa,而微晶纤维素的强度甚至可达 7.5~7.7GPa;半纤维素穿插在纤维素骨架中,起到胶黏作用并增加了木材的韧性;木质素则起到增加木材硬度的作用。木材的这种高强重比的特性,为制备高力学性能材料提供了设计基础。

4.3.3 木材的孔隙结构

木材细胞的独特结构是木材具有多级孔结构的基础,其孔隙特性(孔隙率、孔径大小及其分布、孔的几何形状等)是决定木材各种性能的重要因素之一。

1)在针叶材中,90%~95%是纤维细胞(管胞,主要是纵形管胞),5%~10%是木射线、储存细胞(薄壁细胞,主要是长形薄壁细胞)及树脂等。针叶材中的纵形管胞主要起运输水分和支撑树干的作用,长度约为 2~5mm,直径为 0.02~0.05mm。

2)在阔叶材中,40%~75%是木纤维(导管和纤维管胞),10%~30%的维管束和 5%~30%的特殊细胞(薄壁细胞,主要是长形薄壁细胞)。阔叶材中的纤维长度为 1.0~1.5mm,其主要作用是增加树干的强度,也能够输导水分,而其中的导管直径为 0.05~0.15mm。阔叶材的薄壁细胞比针叶材丰富,相邻细胞间的物质交换通过细胞壁上的纹孔完成。

木材中孔隙有不同的分类方法,常用方法有两种。

1. 根据孔隙存在时间分类

根据孔隙存在时间长短,将木材中的空隙分为永久空隙和瞬时空隙。

(1)永久空隙 永久空隙一般是指木材在干燥状态或湿润状态而收缩或膨胀时,大小、形状几乎不变化的空隙，如细胞腔、纹孔室等。

（2）瞬时空隙　瞬时空隙是由于润胀剂一时形成，干燥时完全消失掉的空隙，如细胞壁中的空隙等。

木材的孔隙率随树种和树木不同部位而变化，一般范围为47%～83%。木材中孔结构的另一个突出特征是，孔径分布有单峰形式和多峰形式两种。

2. 根据孔隙尺度大小分类

按孔隙尺度大小将其分为宏观空隙、介观空隙和微观空隙三种。

（1）宏观空隙　宏观空隙指用肉眼能看见的空隙，其以树脂道、细胞腔为下限空隙，不同树种细胞大小不同，其宽度为50～1500μm，长度从0.1～10mm不等。宏观空隙为永久孔隙。

（2）介观空隙　介观空隙是指三维尺度、两维尺度或一维尺度在纳米量级（2～50nm）的空隙，即细胞间隙，因此，可称作纳米空隙。一般情况下，介观空隙是可以用电子显微镜观察到的尺度。介观空隙为永久孔隙。

（3）微观空隙　微观空隙是以分子链断面数量级为最大起点的空隙，如纤维素分子链的断面数量级的空隙，这些孔隙为瞬时孔隙。木材的微孔结构、孔径、孔长度及显微结构与木材品种、环境条件、土壤性质关系密切。

介观空隙或纳米空隙存在于针叶树材具缘纹孔的塞缘小孔、单纹孔的纹孔膜小孔、干燥状态或湿润状态下木材细胞壁空隙、润胀状态下微纤丝间隙之中，其中以微纤丝间隙尺度为最小。木材中纳米尺度空隙存在，意味着木材本身具有收容其他纳米微粒（粉体）、纳米管、纳米棒等结构单元相同数量级的固有空间，是一种来源丰富、结构独特的制备新型复合材料和纳米复合材料的模板。

4.4　木材的性能

木材是极其复杂的天然复合材料，具有与其他材料不同的固有特性，如生物学特性、多孔特性、各向异性及变异性、耐久性、再生性和可改造性等。木材具有许多优点，如易加工、隔热保温、吸声隔音，以及自然美观、质感舒爽等感观效果，在解决人类社会生存和发展的资源、能源、环境等问题方面，具有不可替代的作用。

4.4.1　力学性能

木材是一种天然的高分子复合材料，属于既有弹性又有塑性的黏弹性材料，其应力-应变关系是非常复杂的，应变的大小受许多因素的影响，包括木材自身的因素（如密度、管胞结构、细胞壁内微纤丝的取向）等和环境因素（如温度、相对湿度等），以及应力作用的时间和速率等因素。

木材具有各向异性的显微结构，也就造成其具有各向异性的力学性能。

（1）木材的弹性模量　木材的弹性模量具有高度的各向异性，由大到小的顺序为轴向、径向和弦向，其中轴向与弦向的模量比介于58:1和12:1之间。弹性模量随密度、含水率、温度、微观构造的变异、纹理的角度、节疤的大小与部位的变化而不同。

（2）木材的弹性变形　木材的弹性变形是由于相邻微纤丝之间发生了滑移，细胞的壁层也发生变形，但在壁层之间并没有出现永久变形，其本质是分子内的变形和原子间键长的伸缩。若外加应力超过比例极限应力时，木材就会发生塑性变形，即应力不变而变形继续变大的现象，它是由于微纤丝内应力过大造成破坏，引起共价键断裂，细胞壁壁层的变形使细胞间出现的永久性微细开裂，其本质是分子间相对位置的错移。

（3）木材的强度　木材具有不可避免的天然缺陷和相当大的变异性，其强度不同于一般均匀的各向同性材料，受多种因素的影响。例如，施加应力的方式及方向（顺纹抗拉强度比垂直方向大 3~4 倍）；密度、节疤、纹理角度等宏观构造；微观构造中的细胞壁 S2 层微纤丝取向对木材各种强度值影响很大；其他因素还有含水率、温度、加载速率和加载时间等，同样影响着木材的韧性。

在木材的各种力学强度中，顺纹抗拉强度是木材的最大强度，约 2 倍于顺纹抗压强度，12~40 倍于横纹抗压强度，而顺纹剪切强度仅为顺纹抗拉强度的 6%~10%。当然，木材的种类也是影响顺纹抗拉强度的重要因素，如针叶材柳杉的顺纹抗拉强度仅为 49MPa，云南松则高达 156MPa；而阔叶材中的轻木的顺纹抗拉强度值最低为 33.6MPa，海南紫荆最高为 215.4MPa。

（4）木材的流变学特性　木材加载后的黏弹性（即木材流变学）主要表现为蠕变和应力松弛现象。

4.4.2　声学性能

木材与其他弹性材料一样，在冲击力或周期力的作用下能产生和传播振动。振动的木材将激发周围的空气，并以其为介质，以波的形式传播振动。人耳所能感觉的声波频率范围为 16~20000Hz。

由于共振频率不同，木材或其制品振动所辐射出的声能，能使人感觉出声音的音调有高低差别。振动频率的差异是由下列因素决定的：激发木材振动的频率，木材的劲度、密度和几何尺寸，木材本身的品质等。木材的声板特性及其辐射声能的能力是用木材制造乐器的重要依据之一，如我国的琵琶、扬琴，西洋乐器如钢琴、提琴及木琴的音板等，都是利用了木材的声振特性。

木质制品在空气声波的作用下，有吸收、反射和透射声能的作用。在各种民用建筑（如电影院、剧院、礼堂）及其他特殊建筑（如广播、电视、电影等技术用房）中，都广泛地运用木材的声学性质，并与其他建筑材料配合创造出一个良好的室内音质条件，以满足人们的文化生活需要。木材良好的音质特性还被用于制备各种类型的特殊音箱。

木材为各向异性的材料，根据纤维组织的排列，任何一块木材均可区分为轴（顺纹）、径和弦三个主要的方向，在各个方向上的物理性质和力学性质均有或多或少的差别，这就造成了木材独特的传声特性。如木材的密度仅为金属的 1/20~1/10，但木材的传声速度，在顺纹方向近似于一般的金属（如铁、铜等），而在横纹方向则比金属低得多，这是由不同方向上的弹性模量不同造成的。假如木材的密度是一常数，不同方向的传声速度（C）与其对应的弹性模量（E）符合如下关系

$$\frac{C_1}{C_\perp} = \sqrt{\frac{E_1}{E_\perp}} \tag{4-1}$$

式中，C_1 与 $C_\perp$ 分别代表轴向和垂直于轴向的传声速度；E_1 与 $E_\perp$ 和分别代表木材轴向和垂直于轴向的弹性模量。

4.4.3 热学性能

木材常被用作冷藏设备的隔热、保温材料和日用炊具等的把柄材料，这是因为木材是热的不良导体。木材热学性质的主要指标有比热容、导热系数和导温系数等。这些参数，在木材加工的热处理（如原木的解冻、木段的蒸煮、木材干燥预处理等）中，是重要的工艺参数，在建筑部门进行保温设计时，是不可缺少的数据指标。木材导热性的大小与密度、含水率和纹理方向有关，一般是随密度和含水率的增加，导热性提高；顺纹理方向的导热性大于横纹纹理方向。

木材导温系数 β 又叫热扩散率，它表示在加热或冷却时物体各部分温度趋向一致的能力，单位是 m^2/h，物体的导温系数越大，在同样外部加热或冷却条件下，物体内部的温度差异就越小。它与物体的导热系数 λ、比热容 c 和密度 ρ 之间具有如下的函数关系：

$$\beta = \frac{\lambda}{c\rho} \tag{4-2}$$

这就是说，物体的导温系数与它的导热系数成正比，与它的体积热容量成反比。在稳定传热过程中，决定热交换强度的重要指标是材料的导热系数，而在非稳定传热过程中，决定热交换强度的重要指标则是材料的导温系数。木材的加热和冷却大都属于非稳定传热过程。

导温系数可以由导热系数、比热容和密度计算，或直接由试验确定。导温系数既然与材料的导热系数和比热容有关，则木材的导温系数也必定受木材密度、含水率、温度及热流方向等因素的影响。热流方向对导温系数的影响与对导热系数的影响相同。顺纹导温系数远大于横纹的导温系数，径向导温系数大都大于弦向。木材密度对导温系数的影响不同于对导热系数的影响。密度增大既引起导热系数的增大，也引起体积热容量的增大，但对导热系数的影响小于对体积热容量的影响。因此，木材横纹导温系数随密度的增加而略有减少。

木材的热膨胀是指在温度变化时，其体积或尺寸随之发生变化的现象。实验指出，当木材加热时，其伸长量（ΔL）与原长（L_0）和温度的变化（Δt）成正比，即

$$\Delta L = \alpha L_0 \times \Delta t \tag{4-3}$$

式中，常数 α 为木材的线膨胀系数，表示温度每升高 1℃ 木材的相对伸长量。

木材是各向异性的物体，不同纹理方向的线膨胀系数不同。顺纹方向的线膨胀系数最小，约为横纹方向的十分之一，径向线膨胀系数略小于弦向。含水率对木材的热膨胀有一定影响，湿木材加热时，顺纹方向的线膨胀系数随含水率的增加而减小，但横纹方向则随含水率的增加而增加。新伐木材第一次加热或干燥时尚有不可逆的变形：弦向膨胀、径向收缩，据认为这是由于在树木生长时期木材中产生的内应力松弛引起的。

木材在加热过程中的线膨胀量可由下式计算

$$L = L_0[1 + \alpha(t_1 - t_0)] \tag{4-4}$$

式中，L 为加热终了的尺寸；L_0 为加热开始的尺寸；t_1 与 t_0 分别为加热终了和开始的温度。

木材纵向面积膨胀量可按下式计算

$$A = A_0 [1+(\alpha_L+\alpha_T)(t_1-t_0)] \qquad (4\text{-}5)$$

木材体积膨胀量可按下式计算

$$V = V_0 [1+(\alpha_L+\alpha_T+\alpha_R)(t_1-t_0)] \qquad (4\text{-}6)$$

式中，A、A_0 分别为加热终了和开始的面积；α_L、α_T、α_R 分别为顺纹方向、弦向和径向的线膨胀系数；V、V_0 分别为加热终了和开始的体积。

4.4.4 电学性能

木材电学性质一般包括实际应用中较为重要的直流电和交流电的导电性、电绝缘强度、介电常数、介质损耗等。木材电学性质的研究不仅对于了解木材的性质有重要理论意义，同时还有重要的实用意义，对木材工业中应用高频电热技术、设计制造各种木材无破损测试仪器设备提供可靠依据。

1. 木材的直流电性质

木材的直流电性质是指木材受直流电作用所产生的一些性质，主要是了解直流电通过木材时的电阻变化情况。电阻率有体积电阻率和表面电阻率两种，通常所说的电阻率是指体积电阻率，是说明材料的电阻性质（导电好坏）的一个物理量，电阻率越大则导电能力越小。材料的直流电阻可用检流计或高阻计测量。影响木材直流电阻率的主要因素很多，主要有木材含水率、树种、密度、纹理方向，以及温度、电压、试件尺寸等，其中以含水率的影响最大，常掩盖着其他因子的影响。

木材含水率对导电性的影响是众所周知的，干木材是优良的绝缘体，而湿木材却是导体。与含水率相比，密度和树种对直流电阻率的影响则小得多。木材的各向异性在其电学性质中表现得也比较明显。通常，在树种和含水率相同时，平行于木材纹理方向的电阻率明显低于垂直于纹理方向（径向及弦向）的电阻率；而径向与弦向的电阻率差异则不大，弦向电阻率往往稍大于径向。一般认为，温度对木材导电性的影响较大，在一定的含水率范围（0~20%）内，电阻率的对数与热力学温度的倒数成直线或近似直线相关，电阻率随温度增加而降低。除上述因素外，木材中的灰分、树脂含量、腐朽程度等都在一定程度上对电阻率有影响。

2. 木材的交流电性质

木材的交流电性质，是指木材受交流电作用所产生的各种性质，主要是射频下木材的介电常数（或称介电系数）、介质损耗（或功率因数）、电阻率（或电导率）等的变化情况。影响木材交流电性质的主要因子与频率、含水率、密度、纹理方向等有关。

(1) 介电常数 射频下木材的介电常数是反映木材在交流电场下介质极化状况和储存电能能力的一个量。木材的介电常数 ε，是以木材为介质时所得的电容量 C，对于以真空为介质（在木材研究中，通常以空气为介质，因其与真空为介质所得的电容值相近，空气的介电常数为 1.0006）时所得电容量 C_0 的比值，即

$$\varepsilon = \frac{C}{C_0} \qquad (4\text{-}7)$$

(2) 介质损耗 射频下木材的介质损耗通常以损耗角正切 $\tan\varphi$ 或功率因数 $\cos\varphi$ 表示。

第4章 木材及其仿生设计

当木材处在交流电场中,由于介质极化,如果偶极矩取向滞后于所加电场的变化,此时每一周期中将有一部分电能被介质吸收发热,这种现象称为介质损耗(或称介电损耗)。一个电容器必然存在一定的介质损耗,可以把电容器看作由两部分构成,一部分是"纯电容",它的电流超前电压 $\pi/2$,因而功率因数 $\cos\varphi = 0$,不消耗能量;另一部分是消耗电能的部分,视为"纯电阻",电流与电压同相,功率因数 $\cos\varphi = 1$。该"纯电容"与"纯电阻"的并联电路完全等效于具有损耗的实际电容在电路中的作用。木材的损耗角正切 $\tan\varphi$ 可用电荷电量 Q 表示或介质损耗仪测定。介质损耗是表示绝缘材料质量的指标之一,介质损耗越小,绝缘性能越好,当木材用作绝缘材料时,希望介质损耗尽量小。但是木材在高频加热和胶合中,介质损耗越大,发热量越高,木材越易加热和胶合,此时需要提高介质损耗。

(3) 电阻率 射频下木材的电阻率是指单位横断面积 $S(\mathrm{cm}^2)$ 的木材,其单位长度 d (cm) 的电阻 R,电阻率 $\rho(\Omega \cdot \mathrm{cm})$,用方程表示为

$$R = \frac{\rho d}{S} \tag{4-8}$$

电阻 R 可用这块材料为介质的电容器的 Q 值(品质因数)和电容 C 来表示,即

$$R = \frac{Q}{2\pi f C} \tag{4-9}$$

式中,f 为频率,单位 Hz;C 为电容,单位 F;R 为电阻,单位 Ω。两式合并可得

$$\rho = \frac{QS}{2\pi f C d} \tag{4-10}$$

而电容 $C = \dfrac{\varepsilon S \times 10^{-12}}{11.3 d}$ 和 $Q = \dfrac{1}{\tan\varphi} = \tan\phi$ 可得

$$\rho = 1.8\tan\phi \cdot \frac{10^{12}}{f\varepsilon} \tag{4-11}$$

当 $\cos\varphi < 0.1$ 时,则 $\sin\varphi \approx 1$,则

$$\rho = \frac{1.8 \times 10^{12}}{f\varepsilon\cos\varphi} \tag{4-12}$$

或

$$\rho = \frac{1.8 \times 10^{12}}{f\varepsilon\tan\phi} \tag{4-13}$$

式中,f 为频率,单位 Hz;ε 为介电常数;$\tan\phi$ 为损耗角正切;ρ 为电阻率,单位 $\Omega \cdot \mathrm{cm}$。可见,在一定的频率下,射频电阻率与功率因数或损耗角正切以及介电常数成反比。

木材在外施电压增加并达到某一极限时,就失去绝缘性能的特性,这一现象称为电击穿。被击穿瞬间所施加的最高电压称为击穿电压。在击穿处常发生电火花或电弧,以致造成穿孔、开裂、烧坏等现象。木材抵抗电击穿的能力称为木材的击穿强度(或介电强度、绝缘强度)。击穿强度和击穿电压的关系为

$$E_0 = \frac{U_0}{h} \tag{4-14}$$

式中,U_0 为击穿电压,单位为 kV;h 为两电极间的距离单位 mm;E_0 为绝缘强度,单位为 kV/mm。

4.5 基于木材的仿生设计

木材具有纵向平行排列的管胞结构（孔结构），具体表现为多层次的网络结构：毫米量级的年轮、几十微米至 100μm 量级的导管，以及微米量级的细胞。木材中孔的孔径绝大部分位于 5～50μm 范围内，并呈现各向异性的结构特点。这种孔结构形式是现有传统技术无法制成的，这就为以木材为生物模板，设计和制备具有特殊结构的新型仿生陶瓷及其复合材料提供了一条极具潜力的新思路。

木材种类成千上万，结构又各不相同，资源非常丰富，而且可再生，为木材仿生材料的设计、制备和新功能的开发提供了坚实保证，下面就介绍木材仿生的最新实例。

4.5.1 仿木材陶瓷材料

1. 木材陶瓷的分类

木陶瓷也称为木质陶瓷、木材陶瓷，是指将浸渍了热固性树脂（或液化木材）的木质及其他生物质材料经高温烧结而成的新型多孔炭材料，它在一定程度上能够保存木质（或生物质）材料的基本结构特征。其原材料易得、质量轻、比强度高、膨胀系数小，基本特性介于传统的炭和碳纤维或石墨之间，具有良好的热学、电磁学和摩擦学特性，在民用和军工方面均有良好的表现，应用前景广阔。

木材陶瓷主要可以分成以下三类：

（1）碳木材陶瓷 碳木材陶瓷是以经过干燥的天然木材或者其他木质材料和浸渍物为原料，通过对木材真空浸渍、干燥、固化，再在高温保护气氛下碳化烧结得到的碳质多孔材料。其浸渍剂主要有热固性酚醛树脂、呋喃树脂、醇酸类树脂和液化木材，这几种热固性树脂，不仅能形成较好的玻璃碳，而且价格适中、合成方便、游离醛少，燃烧后只生成 CO_2 和 H_2O 等副产品，具有良好的环境协调性。

（2）氧化物木陶瓷 应用稳定的低黏度氧化物前驱体通过 Sol-gel 浸渍工艺（溶胶凝胶法）渗入松木，然后在烧结工艺中烧掉生物模板的方法，得到了保留木材结构 Al_2O_3、TiO_2、ZrO_2 氧化物的多孔陶瓷，在这里木材只起生物模板的作用。而用木材制备碳化硅陶瓷时，木材既起到生物模板的作用，又可作为碳的来源。用真空渗透法将钛酸四丁酯浸入木材，通过水解使木材细胞结构中的钛酸四丁酯形成氧化钛凝胶，在 600～1400℃ 空气中燃烧掉木材，最终形成的氧化钛陶瓷具有原始木材的内部和外部孔隙结构，如图 4-6 所示。真空浸渗铝酸丙酯、锆氯氧和二氧化硅纳米粉，溶胶加入硝酸水解，在 800℃ 高温条件下，复制出了原始木材组织的生物碳/陶瓷，最后在空气中、600℃ 高

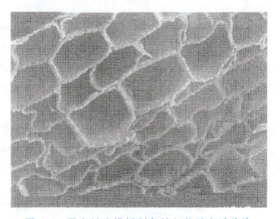

图 4-6　用木材为模板制备的氧化钛多孔陶瓷

温以下烧结形成氧化铝、莫来石和氧化锆仿生氧化物陶瓷，其类似于天然植物材料，具有均匀定向孔隙结构。重复浸渍、水解和烧结步骤还能进一步提高陶瓷的密度。

（3）SiC 木陶瓷　SiC 木陶瓷材料是一种以天然可再生资源（如椰壳、稻草壳、秸秆、木材、木基材料）为基础，通过有机无机转变获得的具有生物结构和独特性能的新型陶瓷材料。木材、竹材和稻草等生物质不仅是一种天然可再生资源，而且经过千百万年自然界的演化，形成了独特的生物结构，这种结构在很多情况下具有独特的优势。

2. 生物模板法制备仿木材多孔氧化铝陶瓷

生物模板技术是将自然生长的植物结构转化为微米范围内单向孔形态的高孔陶瓷。这项技术提供了一种利用各种自然的发展来生产微细胞陶瓷的可能性，到目前为止，这是很难用传统技术制造的。

采用松木和藤条的茎片作为生物模板结构，通过溶胶-凝胶渗透、热解和烧结，制出高多孔、生物形态的仿木材 Al_2O_3 陶瓷。最终的陶瓷产品复制了天然松木和藤条茎片的形态，并在微米水平上表现出独特的、单轴定向的孔隙形态。生物形性 Al_2O_3 陶瓷的各向异性结构特性特别适用于结构和功能多孔陶瓷，如传感器、高温过程中的催化剂载体或作为酶的固定化载体。

图 4-7 显示了藤条最终制备出的 Al_2O_3 陶瓷的微观结构特征，大型藤条容器被较小的细胞包围。如图 4-7b 所示，当大容器保持开放时，较小的孔隙完全或至少部分被氧化铝凝胶

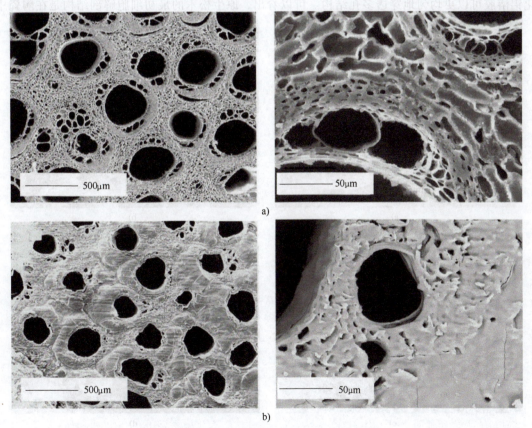

图 4-7　藤条 Al_2O_3 陶瓷扫描电镜显微照片

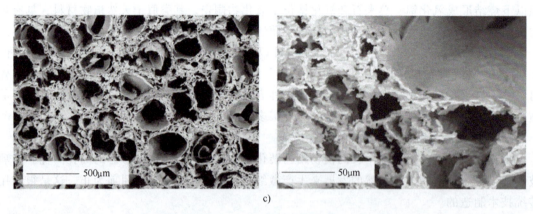

c)

图 4-7 藤条 Al_2O_3 陶瓷扫描电镜显微照片（续）

填充。由藤条衍生的生物铝陶瓷在1550℃退火3小时后的微观结构如图4-7c所示，该材料的孔隙结构是最初的藤条植物得以维持。在干燥、热解和退火过程中，细胞壁上形成了一些裂纹。大容器藤条内孔表面的氧化铝凝胶固结为致密的 Al_2O_3 层，壁厚为几微米，沿样品轴向形成连续的单向管。

松木中 Al_2O_3 陶瓷的微观结构，如图4-8所示。由于松木样品中的细胞排列更均匀，氧化铝溶胶可以更均匀地穿透多孔结构。可以看出，原生松木的最初细胞解剖结构是在陶瓷中

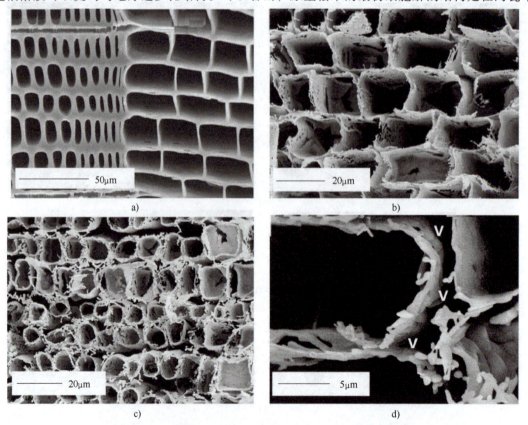

图 4-8 不同放大倍数下松木 Al_2O_3 陶瓷扫描电镜显微照片

图 4-8 不同放大倍数下松木 Al_2O_3 陶瓷扫描电镜显微照片（续）

复制的产品。孔隙中未见氧化铝结块，陶瓷转化后仍保持开放。

3. 仿木材陶瓷材料的应用

（1）耐冲击材料　由于木陶瓷孔隙结构发达，尤其是具有层状结构的木陶瓷在被破坏过程中可实现裂纹偏转而吸收能量，在一定程度上能延长断裂时间，因此可作为耐冲击材料的基材。虽然木陶瓷本身的强度不高，但可作为模板与基体材料复合以大幅度提高强度。如以木陶瓷为基材制备的 SiC、B_4C 等复合材料质量轻、比强度高，具有良好的耐冲击性能，可以用作轻质装甲材料和防弹材料，能极大地减轻装甲质量，提高机动性。

（2）电磁屏蔽材料　根据电磁屏蔽理论，当电磁波进入多孔材料后，其巨大的比表面积使得电磁波在其内部经过多次吸收和反射而减弱，从而达到屏蔽的目的。而木陶瓷部分保存了生物质材料多层次孔隙结构的特性，加之在制备过程中可通过选择合适的原辅材料、成形压力、烧结工艺等方式来进行调控。因此，众多的木陶瓷可实现对电磁波的吸收和过滤，减少辐射与反射，故适合制备用于隐形飞行器的电磁屏蔽材料和雷达吸波材料。

（3）储能材料　充分利用粉末状多孔碳材料作为电极与储能材料的研究方兴未艾。木陶瓷经处理后具有多级孔径、巨大的比表面积以及耐酸碱性能，在很大程度上符合储能与电极材料的基本要求，加之能制备成块状，可直接作为电极而无需集流体，具有制造超级储能材料和高能电池材料的潜力。

由于受到生物质材料的变异性、材料制造的可控性、环保性和经济性等因素的影响，仿木材陶瓷材料制备存在着诸如尺寸偏小、品种单一、结构相似等问题，加之其本身属于碳素材料，强度较低、断裂韧度低，这些缺陷与不足在很大程度上影响了仿木材陶瓷材料作为一种兼具生物结构特征和新型碳材料所应具有的价值。

4.5.2 仿木材电池材料

木材由纤维素、木质素和半纤维素组合而成。纤维素良好的力学性能、低成本和电化学稳定性，使得水溶性纤维素衍生物羧甲基纤维素成为优选的阴极黏合剂。纤维素和木质素因其极性官能团而对极性溶剂分子具有高吸附亲和力，使其成为离子导电电解质的良好候选材料。木质素的氧化还原醌/氢醌部分用于存储超级电容器形式的电荷，或电池阴极。因此，将木材作为一种多孔的可再生材料应用于开发不同的电池组件,包括阴极、阳极、集电器和隔膜是目前研究的热点。

1. 木材储能加工

与纸浆和造纸行业的纤维分解工艺特征形成鲜明对比的是,原生木材的等级结构取向得以保留,遵循自上而下的方法合成各种应用材料。例如,它已被用于开发透明材料(透光率为85%,雾度为71%),用于光学照明、自主水传输、雾收集、修复水中污染物的高效"错流"过滤装置、油水分离系统、热能储存和金属有机框架的成核材料。

在储能领域,木材独特的3D分级结构和开放的多孔结构,为合成具有大离子/电子电导率、高表面积和改善的机械稳定性的材料提供了优异的性能。例如,木材可用作合成氧化还原活性材料。在木材切片的孔内,并且在除去有机部分的煅烧步骤之后,最终材料呈现高度多孔的结构和高表面积,促进了与电解质的更好润湿,提高了活性材料的利用率。

尽管木材具有诸多优势,但根据来源不同,孔径分布可能太小,无法实现高效性能(电解质吸收、促进材料沉积等)。因此,为了拓宽更有效的物质运输途径,并从木材多孔结构的大比表面积中获益,同时保持其对齐的孔隙,通常使用脱木质素步骤。该过程包括通过碱水溶液或氧化处理部分或全部提取细胞壁结构的木质素部分。木质素被认为是"胶水",通过分子间力连接纤维素和半纤维素结构,为木材细胞壁提供高机械刚度;因此,在提取后,脱木素木材呈现出更柔软、更柔韧的特性。通过沿着孔壁沉积电子导电材料(如碳纳米管),可以获得用于先进柔性电池的柔性导电材料。

木材弯曲度低的直通道使毫米级超厚电池电极具有良好的导电性和适当的机械稳定性,通过降低非活性成分的相对含量提供更高的能量密度。此外,碳化气氛的简单改变或者将杂原子源湿负载到木材前体中,可以促进杂原子在碳质结构中的引入。因此,除了导电性之外,这种策略还为木材衍生碳提供了其他功能,例如,对氧化还原反应和析氧反应的电催化活性、电沉积的成核位点或离子嵌入的氧化还原活性。

为特定应用选择不同的木材种类主要取决于其物理化学和成本特性,储能领域具有潜力的代表性木材见表4-1。由于结构特征在定义木材衍生材料的电化学性能时起着主导作用,因此根据其结构特征区分不同种类非常重要。细胞类型、大小、形状和管腔/细胞壁比率因木材种类而异。许多硬木种类已被应用于一般的电化学储能装置,尤其是电池。软木的潜力仍有待进一步开发,因为仍有相关的软木尚未作为电池平台材料进行研究。事实上,根据推理,软木可能是电池应用的首选,因为它们固有的高孔隙率特性可促进离子/电子扩散过程。

表 4-1 储能领域具有潜力的代表性木材

种类		预期应用
软木	铅笔柏	超级电容器电极
	云杉	油水分离吸附、水传输
	杉木	人造固体电解质界面的隔板
硬木	椴木	节能建筑的透明木材、太阳能蒸汽发电、超级电容器、CO_2吸附、锂离子电池阳极等
	轻木木材	光学照明、柔性木材、锂阳极、柔性海绵
	白杨	超级电容器

2. 木材活性材料

(1)嵌入碳阳极 木材的广泛可得性及其内在的互连多孔结构提供了高表面积,使木材成为阳极材料前体的潜在候选材料。此外排列整齐的结构和多孔性允许自然物质在整个树干中运输，为树木提供养分，这被认为是木材在电池应用方面最有趣的特征之一。基于这一概念，木材已被用作制造独立式阳极的前体材料，有利于低曲折度多孔结构和通过碳质结构的高电子传输。该特征促进了良好的电解质渗透和相关的快速离子传输通过阳极，允许制造旨在增加能量密度的厚电极。

（2）金属空气电池的活性材料　到目前为止，植物和动物生物质资源已被证明可以有效地合成用于氧化还原反应的高级纳米结构。在这方面，木材衍生碳显示出作为单克隆抗体自立式阴极的潜在材料，避免了黏合剂的使用，并且有利于简单的构造步骤。此外，其内在排列的多孔结构增强了气体和电解质沿通道的传输，以及通过碳质结构的电子导电性。

尽管人们对木材电池的研究已经成为热点，但从目前的研究现状来看，由于受到生物质材料的因素的影响，木材电池制备的关键技术和应用还没有突破，这些缺陷与不足在很大程度上影响了木材电池应用。由此可见，无论是制备工艺、基本性能还是基础理论方面均具有很大的研究发现空间。

4.5.3　仿木材结构材料

天然木材的独特取向孔道结构赋予了其轻质高强的特点，有关仿木材结构的研究是国际上仿生材料研究领域的热点之一。然而，传统的仿木材结构材料是"徒有其型"，实现取向孔道结构的模仿，但其力学性能远不能令人满意。例如，目前开发的仿木结构陶瓷基材料，密度高、强度低、缺陷多，且制备过程需要高温烧结（通常>1500℃）。因此，如何制备真正具有轻质高强特点的仿木材结构材料是仿生材料研究领域面临的挑战。

作为天然木材的基质物质，木质素是一种无定形多酚，没有明确的一级结构，可以被描述为"化学网"，它将纤维素原纤维黏合在一起。木材（如轻木）由平行的中空管组成，微观结构如图4-9a~c所示。通过使用无定形酚醛树脂和三聚氰胺-甲醛树脂作为基体，成功地制造了宏观聚合酚醛树脂和三聚氰胺-甲醛树脂基木材。横截面和纵向截面的扫描电子显微镜图像，如图4-9d~f所示。宏观的聚三聚氰胺-甲醛树脂基木材也可以用平行管制造，如图4-9g、h所示。聚三聚氰胺-甲醛树脂基木材展示了独特的鱼骨结构（图4-9i），具有相互连接的通道。当黏性三聚氰胺-甲醛树脂聚合物集中在初级固体冰单元周围时，由于垂直于冻结方向的次级不稳定性形成，鱼骨形态产生于侧支。聚合物木材的多功能性可以通过将功能性纳米材料（如氧化石墨烯）复合到聚合物溶液中来实现，如图4-9j所示。无定形酚醛树脂/氧化石墨烯复合木材的低密度约为 $85mg/cm^3$，孔径约为 $50\mu m$，壁厚约为 $2\mu m$，氧化石墨烯紧密附着在壁上，如图4-9k、l所示。至于复合木材，树脂充当黏合剂将纳米材料组装在一起，填料均匀分散在最终的多孔材料中，从而产生不同的视觉特征和均匀的微观结构。

由于各向异性的蜂窝状微观结构，聚合物木材沿轴向表现出非常高的抗压强度和弹性模量。聚合酚醛树脂和三聚氰胺-甲醛树脂基木材的抗压屈服强度分别可达到约35MPa和约45MPa，弹性模量分别可达到约700MPa和约653MPa。在轴向压缩载荷下，聚合酚醛树脂材料的相对屈服强度和相对模量呈现近似二次比例关系，聚合木材的屈服强度和密度之间的比例定律，以及压缩模量和密度受到冷冻速率和固化温度的影响。更快的冷冻速率会产生更紧密和规则的结构，从而产生更高的强度和模量。高温有利于高度交联的树脂网络，从而产生更高的模量。

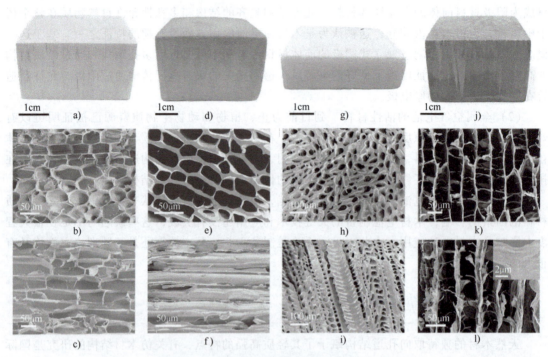

图 4-9 轻木和聚合木材的结构特征

聚合木材在轴向上的压缩性能优于陶瓷基仿木材料,与其他工程仿木材料相比,聚合木材的密度范围更宽,这表明微观结构的可控性更好。此外,聚合木材在轴向压缩方面甚至可与天然木材相媲美,聚合木材的弹性模量远高于软木和各向同性酚醛气凝胶的弹性模量。弹性模量与多孔陶瓷材料相当,但低于天然木材。聚合木材的径向抗压强度远高于普通天然木材。此外,由于在径向上的轻微弹性,聚合物木材可以吸收适度的冲击能量。因此,聚合木材也可用于包装和保护垫中,以吸收动能,而不会在受保护物体上产生不可忍受的高作用力。

与天然木材相比,仿生木材结构材料最大的优势在于其耐蚀性、隔热和防火性能。易燃性是天然木材在实际应用中面临的最大问题,而防火阻燃则是仿生木材结构材料最大的优点,通过复合不同的纳米材料可以进一步提高其防火隔热性能。

通过冰晶诱导自组装和热固化相结合的新技术,以传统树脂的组合自组装和热固化工艺,大规模制造一系列具有可控微结构的仿木材结构聚合物材料。聚合物和复合木材表现出优异的综合性能,包括与天然木材相当的机械强度、更好的耐水和耐酸性而力学性能不下降,以及更好的隔热性和阻燃性。就强度和隔热性能而言,聚合物木材优于其他工程材料,如多孔陶瓷材料和气凝胶。作为一种仿生工程材料,这种新型生物激励聚合物木材有望在恶劣环境中取代天然木材。这一新策略提供了一种新的、强有力的途径来制备和工程化各种高性能仿生工程复合材料,其功能的可设计性等优点将有助于拓宽该方法和制备的材料在多种技术领域中的应用。

思 考 题

1. 简述木材多级组织结构的形成机理。
2. 简述仿木材材料的应用。

第 5 章
蜘蛛丝材料及其仿生设计

蜘蛛在地球上已经进化了数亿年,是最古老的物种之一。虽然蜘蛛和昆虫在外表上有一些相似之处,如都有触角和复眼,但是它们在内部结构、生物学特征和分类上都有显著的区别。蜘蛛并不是昆虫,而是属于节肢动物。

蜘蛛属于蛛形纲(图 5-1、图 5-2),其身体分为头胸部和腹部,两部分由细长的腹柄相连。头前部长有一对螯肢,螯肢末端是有毒腺导管的毒牙;在胸部两侧还有四对足,足尖处长有坚硬的爪。不同种类的蜘蛛体长从 0.05mm 到 60mm 不等,部分种类头胸部背面有胸甲,头胸部前端通常有 8 个单眼(也有 6 个、4 个、2 个、0 个的),排成二至四行。腹面有一片大的胸板,胸板前方两个额叶中间有下唇。腹部不分节,多为圆形或卵圆形,有的具有各种突起,形状奇特。腹部腹面纺器由附肢演变而来,少数原始种类的蜘蛛有 8 个纺器,位置稍靠前;大多数种类有 6 个纺器,位于体后端肛门的前方;还有部分种类具有 4 个纺器,

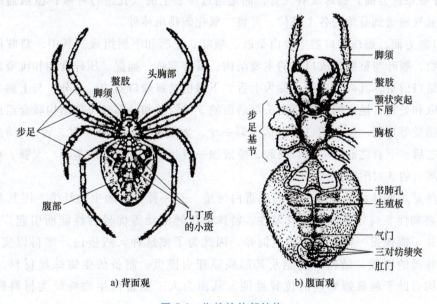

a) 背面观　　　　　　　　b) 腹面观

图 5-1　蜘蛛的外部结构

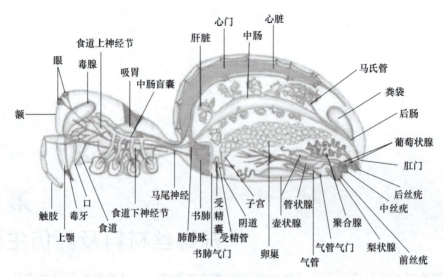

图 5-2 雌蜘蛛的内部结构

纺器上有许多纺管,内连各种丝腺,由纺管纺出丝。感觉器官有眼、各种感觉毛、听毛、琴形器和跗节器。

蜘蛛与昆虫的区别很大,主要表现在以下几方面:

1) 脚的数量方面,蜘蛛有八只脚,而昆虫通常只有六只脚。

2) 嘴部方面,蜘蛛的嘴部位于头部下面,可以向前伸展;而昆虫的嘴部则位于头部的前端。

3) 消化系统方面,蜘蛛没有口腔,将唾液注入猎物体内,然后将易消化的食物吸入口中;昆虫通过前肠、中肠和后肠的协调工作,完成食物的摄取、消化和吸收过程。

4) 呼吸系统方面,蜘蛛没有气管,而是通过体表上的气孔进行呼吸;昆虫通过管状气管系统将氧气输送到身体的各个部位,并将二氧化碳排出体外。

5) 口器方面,蜘蛛的口器主要由螯肢、颚叶、上唇和下唇组成。其中,螯肢用于抓住和杀死猎物,颚叶与螯肢构成口器的主要结构,具有毒杀、捕捉、压碎食物和吮吸液汁的功能。上唇是口前页,其内有突起,称为上舌。下唇也是蜘蛛口器的一部分,与上唇共同参与食物的摄取和处理;昆虫的口器是由头部后面的 3 对附肢和一部分头部结构联合组成,主要有摄食、感觉等功能。昆虫的口器包括上唇一个,大颚一对,小颚一对,舌、下唇各一个。舌是上唇之后、下唇之前的一狭长突起,唾液腺一般开口于其后壁的基部。大颚、小颚、下唇属于头部后的 3 对附肢。

蜘蛛丝是蜘蛛体内的腺体分泌的丝蛋白纤维,是一种天然的生物纤维,因其具有高抗拉强度、高韧性、高导热性、超收缩性、特殊的扭转驱动等优异的性能而引起广泛关注。但是,蜘蛛不能像蚕一样被大规模地饲养,因此为了使这种天然蛋白纤维得以实际应用,只能以蜘蛛丝的组成、结构、性能及其形成原理为模板,制备仿生蜘蛛丝材料。了解蜘蛛丝的结构有助于解释蜘蛛丝的优异性能,从而为人工制备仿生蜘蛛丝类材料提供理论依据。

第5章　蜘蛛丝材料及其仿生设计

5.1　蜘蛛丝的化学组成

蜘蛛丝是由蜘蛛从尾部的腺体分泌出来的一种液体，经过空气中的水分和氧气的作用，迅速凝固成为纤维。蜘蛛丝的化学组成主要是蛋白质，是由多种氨基酸单体构成的蛋白质分子链。蜘蛛丝的化学组成主要是由甘氨酸、丙氨酸、丝氨酸和谷氨酸等氨基酸组成的蛛丝蛋白，以及可能包含的其他蛋白质和小分子物质。这些成分共同作用，使得蜘蛛丝具有卓越的物理和化学性能。氨基酸组成既存在种类间差异也存在种类内差异。不同蜘蛛分泌的同种丝纤维的氨基酸组成有较大的区别，同一蜘蛛的不同腺体内丝蛋白的氨基酸组成也存在较大的差异。如十字园蛛大囊状腺和鞭毛状腺中的丝蛋白含有比其他腺体多得多的脯氨酸，而管状腺中的丝蛋白内丝氨酸的含量很高。

蜘蛛丝中，小侧基氨基酸的含量普遍比蚕丝丝素低得多，因此蜘蛛丝中分子排列的规整程度也小于蚕丝，导致其结晶度小。蜘蛛丝中极性氨基酸含量远大于蚕丝，即使处于非规整排列状态的分子链之间也有较大的作用力。在外力作用下，分子链沿外力场的方向形成伸展的排列，极性基团相互靠近对齐，使分子间的作用力进一步增加，从而使纤维的承载能力提高，这是蜘蛛丝虽然结晶度小于蚕丝，但纤维强度高于后者的原因之一。

牵引丝中的谷氨酸和脯氨酸对其分子结构有重要作用。谷氨酸为酸性氨基酸，其侧基上的氨基和羧基使分子间的键合作用增强，而脯氨酸的存在将有利于分子链形成类似于β-转角的弹性螺旋状结构，增加纤维的弹性。而大囊状腺分泌的丝纤维中，含量较多的丙氨酸可形成伸展状的β-折叠多肽链段，这些链段在纤维内可形成比较规整的排列。甘氨酸、脯氨酸、谷氨酸等构成的分子链段可能形成螺旋形的结构，该结构使纤维获得良好的弹性和伸长能力。当然，大侧基氨基酸含量多对蛛丝形成结晶结构是不利的。

蜘蛛丝的蛋白质主要是蛛丝蛋白，这种蛋白质具有高度重复的序列，这些重复序列赋予了蜘蛛丝极高的弹性和强度。此外，蜘蛛丝还可能包含其他类型的蛋白质和小分子物质，如有机酸和脂类等。蜘蛛丝蛋白中的通用氨基酸主要包括丙氨酸、甘氨酸、谷氨酸、丝氨酸、白氨酸和酪氨酸等，在蜘蛛丝蛋白中具有不同的功能，具体如下。

（1）丙氨酸　丙氨酸是蜘蛛丝蛋白的主要成分之一，占比约为25%，其独特的β-折叠结构使得蜘蛛丝具有高强度和韧性。这种结构类似于分子弹簧，使得蜘蛛丝在受到外力时能够有效地吸收和释放能量，从而保持其弹性和耐久性。

（2）甘氨酸　甘氨酸是蜘蛛丝蛋白中的另一主要成分，占比约为40%。甘氨酸的高含量使得蜘蛛丝具有良好的延展性和可塑性，这种可塑性从本质上增加了蛛网间的结合强度。

（3）谷氨酸　谷氨酸在蜘蛛丝蛋白中也有一定的含量，通常具有多种生物学功能，如促进神经传导和调节细胞内环境。

（4）丝氨酸　丝氨酸在蜘蛛丝蛋白中的含量较低，但其存在对蛋白质的整体结构和功能至关重要。丝氨酸可以参与形成蛋白质的二级结构，如α-螺旋和β-折叠结构。

（5）白氨酸　白氨酸在蜘蛛丝蛋白中的含量也不高，但其独特的化学性质在蛋白质代谢功能中发挥作用。

（6）酪氨酸　酪氨酸在蜘蛛丝蛋白中的含量较少，但其独特的化学性质在蛋白质的构建和修饰功能中也发挥着作用。

这些氨基酸通过其独特的化学性质和空间结构，共同决定了蜘蛛丝蛋白的力学性能和生物学功能，使其成为一种高效的生物材料，广泛应用于生物医学和仿生技术领域。

5.2 蜘蛛丝的组织结构

蜘蛛丝是由一种特殊的蛋白质——蛛丝蛋白构成的。这种蛋白质分子在一级结构上具有高重复性和多样性，能够自发形成 β-折叠二级结构，从而形成固态分子聚合体。这种结构使得蜘蛛丝具有极高的弹性和强度，被誉为"生物钢"。

蜘蛛丝由普通蛋白质和弱化学键连接的微结构通过从微观到宏观的多级自组装，形成了核壳结构，内部有纳米原纤维组成，类似于渔网的结构形态。这种多层次的结构不仅增加了蜘蛛丝的机械强度，还提高了其延展性。蜘蛛丝的延伸度可以达到130%，而且在不断裂的情况下仍能保持完整。蜘蛛丝在拉伸过程中能够吸收大量的能量，韧性比钢或芳纶纤维高出几个数量级。

5.2.1 蜘蛛丝的种类

蜘蛛体内有多种不同的腺体，这些腺体根据蜘蛛生命过程的需要分泌出在其生活中起着不同作用的蜘蛛丝，它们各自具有不同的结构和性能。蜘蛛体内能分泌黏液丝质物的器官称为丝腺。蜘蛛的尾部有7种腺体，主要为大壶状腺、小壶状腺、葡萄状腺、梨状腺、管状腺、集合状腺和鞭毛状腺（图5-3）。每种腺体都能分泌出不同性质的丝蛋白，可以产生多种不同结构和功能的丝。当蜘蛛需要使用丝线时，它会通过肌肉收缩将丝蛋白从丝腺储藏囊挤压到丝疣处。在丝疣的开口处，丝蛋白由于压力和剪切作用而发生变性，重新排列成固态的丝纤维。蜘蛛丝的种类繁多，其功能和性能也各不相同。

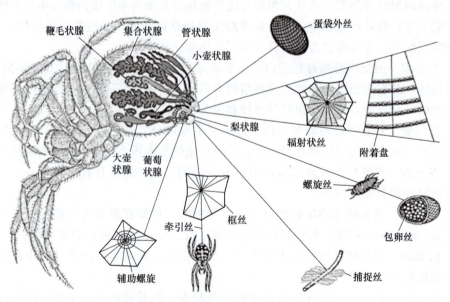

图 5-3　蜘蛛尾部的7种腺体

第5章　蜘蛛丝材料及其仿生设计

1. 根据用途命名

（1）牵引丝　又称拖丝，是蜘蛛走动时腹部拖着并固定在一端的丝。蜘蛛牵引丝是由大壶状腺合成分泌的蛋白质类丝纤维。这种丝纤维由蛛丝蛋白、有机酸、脂类等物质组成，具有良好的力学性能和仿生应用潜力。当遇到险情时，蜘蛛即从植株上掉下来，随后还可攀缘而回到原处。牵引丝实际上起着安全丝的作用，故又称其为"蜘蛛的生命线"。连接于蛛网和其依靠物（如屋檐、树枝等）之间的蛛丝也是牵引丝。

（2）框丝　构成蛛网的外围框架，也称为基础丝或支撑丝，是一种特定类型的蜘蛛丝，通常用于构建蜘蛛网的基础结构，其强度高、弹性适中，主要功能为结构支撑、固定网形和承受压力。在典型的圆形蜘蛛网中，框丝首先被蜘蛛拉伸并固定在几个主要的支撑点上，如树枝或建筑物的角落。然后，蜘蛛在这些框丝之间织出辐条捕捉丝，形成完整的网状结构。

（3）辐射状丝　构成蛛网的纵向骨架。其强度适中，弹性适中，主要作用为：

1）捕食。当猎物撞击网时，辐射状丝会将振动传递到蜘蛛所在的位置，使蜘蛛能够迅速感知并定位猎物。

2）结构稳定。辐射状丝有助于维持蜘蛛网的整体结构稳定性，使蜘蛛网能够承受一定的风力和猎物的冲击而不变形。

3）控制移动路径。辐射状丝为蜘蛛提供了在网中快速移动的路径，使其能够迅速到达蜘蛛网上的任何位置，以检查和捕捉猎物。

（4）捕捉丝　捕捉丝是由蜘蛛的腺体分泌的蛋白质纤维，表面覆盖着一层由特殊腺体分泌的黏液。这些黏液含有水和糖蛋白，使其具备很强的黏性。捕捉丝表面覆盖着的这种黏性物质，使其能够有效地粘住猎物，捕捉丝还非常有弹性，能够在猎物撞击时伸展而不易断裂，这有助于吸收冲击力并防止猎物逃脱。当蜘蛛捕得大型昆虫等猎物时，如不立即食用，则分泌多根丝，将活的捕获物捆缚住，待需要时享用。相比框丝和辐射状丝，捕捉丝更加柔软，有助于更好地包裹和固定猎物。捕捉丝上猎物的挣扎会产生振动，这些振动通过辐射状丝传递到蜘蛛，帮助其感知和定位猎物。

（5）螺旋丝　螺旋丝表面有一层集合状腺分泌的黏性物质，其自身具有优异的弹性。当猎物撞击到蛛网上时，螺旋丝能吸收撞击能，使蛛网不致被破坏，并将猎物粘住。螺旋丝具有高度的弹性，这使得它能够吸收猎物撞击后包裹住猎物，增加黏附力和捕捉效果。螺旋丝通常以螺旋状分布在蜘蛛网的捕猎区域，形成一个有规律的网状结构，最大化覆盖范围，提高捕猎成功率。此外，蜘蛛可以根据环境和捕猎需求调节螺旋丝的密度和黏性，从而优化捕猎效果。

（6）包卵丝　大多数蜘蛛将卵产在卵袋内，一般是先做一个产褥，产卵于其中，四周筑一围墙形壁，再用丝织一圆片覆盖其上，即形成卵袋，卵袋的四周一般再缠一些蓬松的丝。每个卵袋内有几百个甚至上千个蜘蛛卵。包卵丝用于构建卵囊，保护蜘蛛卵免受外界环境的伤害，如湿度变化、温度波动和机械损伤。包卵丝能够抵御捕食者和寄生虫的侵害，为卵提供一个安全的孵化环境，尽管包卵丝可以有效地保护卵囊，但它仍然保持一定的透气性，确保卵在发育过程中能够获得所需的氧气。包卵丝具有很高的强度和弹性，能够承受一定的外力，不容易被破坏。此外，在某些蜘蛛种类中，包卵丝可能含有营养成分，为孵化后的幼蛛提供初期的营养支持。

（7）附着盘　附着盘是一种用于固定和连接的特殊类型的丝。蜘蛛丝通过这种丝将网的各个部分连接在一起,确保网的稳定性和完整性。在构建蜘蛛网时,蜘蛛使用附着盘来建立初始的框架和支撑结构。这些连接点是网的基础,确保网能够保持其形状和功能。当蜘蛛网受损时,蜘蛛可以使用附着盘来修补破损的部分,将新的丝线连接到现有的网结构上。附着盘丝具有很强的黏附力和灵活性,能够在各种不同的表面上有效固定丝线,适应不同的环境和条件。在移动过程中,蜘蛛也使用附着盘将自己临时固定在某个表面上,避免被风吹走或跌落,从而保持稳定。

蜘蛛还会分泌出一些用于其他用途的丝纤维,如织精网。雄蛛在寻求雌蛛求偶交配前,先以腹部腹面雄孔附近部位的一种腺体分泌丝液,经毛状的纺管通向体外,织只有几毫米宽度的小型精网,然后在精网上产精液,用触肢器把精液吸到触肢器内储存。在交配时,雄蛛以触肢器前端部分插入雌蛛腹部的雌孔内,把精液注入雌蛛体内。此外,蜘蛛还会分泌飞航的游丝和传递信息的信号丝。

2. 根据分泌的腺体命名

(1)大壶状腺丝 大壶状腺丝又称为壶腹状腺丝,由大壶状腺分泌,从前丝疣拉出,具有极高的延展性和承受张力的能力,是蜘蛛网上的辐射状骨架,同时也是蜘蛛吊着和降落时所用的绳索,被认为是蜘蛛的"生命线"。蜘蛛用其随时都会牵引着曳丝、圆网上的辐射状丝及骨架丝。曳丝是蜘蛛的保命绳索,避免蜘蛛突然坠落时直接坠落至地表。圆网上的辐射状丝及骨架丝都用于承受圆网上的张力,尤其是猎物冲撞到网上的时候。因此,大壶状腺丝必须能够承受较大的张力且不容易断裂,所以大壶状腺丝的强度高,但缺点是延展性较低。

(2)小壶状腺丝 小壶状腺丝是由小壶状腺分泌的蜘蛛丝。它的分泌过程涉及多个部分,包括尾部、囊和导管,其中导管的末端有喷丝口。在这个过程中,尾部上皮细胞分泌蛛丝蛋白,这些蛋白质在囊状区域管腔内形成高浓度可溶性纺丝原液,最终通过喷丝口拉出。小壶状腺丝的主要功能与大壶状腺丝相似,但也具有独特的物理性质,使其在不同场景下发挥作用。首先,小壶状腺丝参与辅助构建蛛网的主体结构。其次,它们在蜘蛛捕获猎物时用于固定身体,并临时捆绑猎物。此外,小壶状腺丝具有更好的延展性,这使得它们在需要灵活性的情况下表现出色。小壶状腺丝不仅在蜘蛛网的构建中起到重要作用,还在捕食过程中提供了额外的支持和保护功能。

(3)葡萄状腺丝 葡萄状腺丝由葡萄状腺分泌,具有很大的韧性。当蜘蛛逮到猎物时,蜘蛛会用第四对步足一次拉出一排一排的葡萄状腺丝将猎物包覆,使猎物不易挣扎而伤害不到蜘蛛本身。换句话说,葡萄状腺丝就是猎物的裹尸袋。此外,有些结网蜘蛛会在网上以葡萄状腺丝制作隐带。这些隐带是缠绕在网目上的丝,形成一片一片的"装饰物"。

(4)梨状腺丝 梨状腺丝是由梨状腺分泌的一种特殊的蛛丝,主要由干性丝纤维和湿胶的复合体组成。其分泌过程涉及细胞类型的区域化,表明在丝形成过程中连续添加分泌产物。梨状腺丝在蜘蛛的生活活动中发挥着重要作用,不仅用于连接和固定蛛丝,还在保护蜘蛛卵和构建蛛网结构中起关键作用。

梨状腺丝的主要作用为:

1)连接和固定。梨状腺丝用于蛛丝与固体支持物之间的连接,帮助蜘蛛将牵引丝固定于物体表面。这种功能使得蜘蛛能够安全、迅速地移动,并构建复杂的蛛网结构。

2)保护脆弱的蜘蛛卵。梨状腺丝还用作卵囊内部的柔软衬底,用来保护脆弱的蜘蛛卵，避免蛛卵被风吹雨淋或被其他动物吃掉。

3）构成附着盘。梨状腺丝是构成附着盘的主要组成成分，附着盘能够固定牵引丝，使蜘蛛能够在不同表面上移动。

（5）管状腺丝　管状腺丝由管状腺分泌。蜘蛛产卵时，雌蛛会先用蜘蛛丝制作一个卵囊，并将卵产在卵囊中使卵得到保护。管状腺的主要功能就是制作卵囊，避免被其他动物吃掉卵囊内的卵，管状腺丝在所有蜘蛛丝中具有最高的硬度。

（6）集合状腺丝　集合状腺丝由集合状腺黏液组成，这种黏液具有很强的黏性。蜘蛛通过其腹部的纺织器将这些腺丝喷出。纺织器上有许多纺织管与体内的丝腺相通，丝腺顶端有喷丝头，其上有数千只小孔，喷出的液体一遇空气即凝固成丝。集合状腺丝在蜘蛛的捕食、防御和筑巢中起着重要作用，其分泌过程涉及复杂的生物化学反应和物理过程。集合状腺丝的主要作用一是集合状腺会吐出带有黏性的蜘蛛丝球，用于构建层状地层和蜘蛛丝的重型旋转门，二是集合状腺丝在横丝表面形成黏性物质帮助蜘蛛固定和维护其网结构。

（7）鞭毛状腺丝　鞭毛状腺丝由鞭状腺分泌，它主要作用于圆网上螺旋状丝的轴心。当猎物上网时，猎物冲撞的能量主要由辐射状丝所承受，而具有黏性的螺旋状丝则负责将猎物纠缠住以防止猎物逃脱。鞭毛状腺作为横丝的轴心丝，虽然并不具有黏性，但具有极高的延展性，使丝被拉扯再长也不易断裂。如此一来，任凭猎物再怎么拉扯，横丝依然不断地持续纠缠住猎物。

（8）聚状腺丝　聚状腺丝由聚状腺分泌，负责生产黏液包覆在螺旋状丝的外部。这些水珠状的黏液，会一球一球地包覆在鞭状腺丝外侧，而形成螺旋状丝的黏性。这使得蜘蛛网能够有效地捕获猎物并防止其逃脱。此外，鞭状腺丝将捕获猎物的力量传递给轴向纤维，而聚状腺丝则通过其黏性增强整个网的稳定性和捕获能力。总的来说，聚状腺丝不仅在蜘蛛网的构建中起到了关键作用，还通过其独特的黏性特性，增强了蜘蛛捕食的效率。

（9）圆粒形腺丝　圆粒形腺丝是圆粒形腺通过特定的分泌过程合成丝蛋白并释放，最终形成用于构建卵囊的丝。在核糖体上不断新合成的丝蛋白，逐渐集中到和内质网相连的高尔基体内，经加工、贮存、运转等过程，浓缩成许多小颗粒。这些小颗粒由高尔基体释放到细胞质内，再经内膜的微细孔进入腺腔，最终被分泌出来。圆粒形腺的丝主要用于构成卵囊，在蜘蛛的繁殖过程中起到关键作用，帮助保护卵并提供必要的机械支持。

（10）雄蛛胃上丝腺的丝　雄蛛胃上丝腺的丝是从蜘蛛腹部书肺间的吐丝管排出的。这种丝腺主要负责分泌一种胶状的丝浆，这种丝浆在空气中迅速凝结成丝。这些丝覆于精滴表面，帮助雄性蜘蛛在交配过程中将精子传递给雌性蜘蛛。这种丝的存在对于蜘蛛的繁殖至关重要，因为它确保了精子的正确传递，从而保证了后代的遗传信息能够被正确传递。

（11）泡状腺丝　泡状腺丝的分泌过程通常发生在特定的腺细胞中，这些腺细胞构成了腺泡，这是腺体的主要分泌部位。在分泌过程中，腺细胞首先合成所需的蛋白质或其他分泌物。这一过程通常在细胞内的高尔基体进行，其中蛋白质被加工和修饰，以形成适合分泌的形态。合成后的分泌物进入高尔基体与细胞膜之间的空间中，然后通过小泡将这些分泌物运输到细胞膜上。小泡会与细胞膜融合，将分泌物释放到外部环境中。

泡状腺丝的分泌过程涉及从蛋白质合成、加工到最终的释放，而其具体作用则依赖于其所在生物体的需求和功能。例如，在蜘蛛中，泡状腺产生的丝用于捕捉猎物，如其他小型动物或昆虫。人类大唾液腺的分泌物主要包括唾液，这种唾液具有湿润口腔黏膜、调和食物等功能。

5.2.2 蜘蛛丝的微观结构

蜘蛛丝的微观结构具有独特的复杂性和高度有序的特征，这些结构是其卓越力学性能的基础。蜘蛛丝的微观结构主要有以下几方面：

（1）蛋白质和化学键的结合　蜘蛛丝主要由普通蛋白质和弱的化学键连接而成，这种结构使得蜘蛛丝在保持高强度和高延展性的同时，还能通过多级自组装从微观到宏观展现出超级力学性能。

（2）多级自组装　蜘蛛丝的形成涉及从微观到宏观的多级自组装过程。在这个过程中，蜘蛛丝蛋白分子能够自发形成β-折叠二级结构，并进一步组织成固态分子聚合体。这种自组装过程不仅涉及单个蛋白质分子的排列，还包括它们之间的相互作用，如交织和堆积。

（3）纳米纤维结构　蜘蛛丝的微观结构还包括纳米纤维的存在。这些纳米纤维通过β-折叠晶体网络形成，进一步增强了蜘蛛丝的力学性能。此外，蜘蛛丝的结晶区由β-折叠结构的聚丙氨酸链段形成的栅片堆积而成，这些结晶区存在于由富含甘氨酸的区域构成的非结晶区内。

（4）表面特征　蜘蛛丝的纵向表面有清晰的沟槽和条纹，这些特征是由成丝过程中液态丝蛋白流动形成的。这些表面特征可能对蜘蛛丝的力学性能有一定的影响。

（5）多样性和功能性　不同类型的蜘蛛丝（如牵引丝、蛛网框丝和包卵丝）具有不同的微观结构和力学性能，这些差异与它们的生物学功能密切相关。

1. 分子构象

蜘蛛丝的分子构象主要是β-折叠链，分子链沿着纤维轴线的方向呈反平行排列，相互间以氢键结合，形成曲折的栅片结构。无规则卷曲、α-螺旋和β-折叠这三种构象的二级结构比例不同，所赋予蜘蛛丝的特性也不同。例如，人工强制抽取获得的牵引丝中包含较多的β-折叠结构，而α-螺旋含量最少，这使牵引丝在不同环境条件下表现出不同的力学性能。此外，不同类型的蜘蛛丝（如大壶状腺丝）由于其二级结构比例的不同，也展现出不同的生物学功能。

蜘蛛丝包含着无规则卷曲和螺旋状结构。蜘蛛丝的无规则卷曲结构是指蛋白质分子链在没有特定规律性的情况下形成的复杂形态，主要存在于初级结构中，并且在精确的酸性、含水量和化学浓度下形成。这种结构使得蜘蛛丝具有极高的强度和弹性，是自然界中最为坚韧且具有弹性的纤维之一。蜘蛛丝的螺旋状结构主要是由α-螺旋和β-折叠构象组成的。α-螺旋是一种多肽链以螺旋状盘卷前进的结构，当蜘蛛丝受到拉伸时，非结晶区的分子链可能形成α-转角螺旋，从而赋予蜘蛛丝良好的弹性；β-折叠是由伸展的多肽链通过氢键维持的片层结构。这些氢键几乎都垂直于肽链，肽链可以是平行排列或反向平行排列，β-折叠在蜘蛛丝中提供了较高的模量和强度。β-折叠结构的聚丙氨酸链段构成了牵引丝的结晶区，未进入结晶区的β-折叠结构的分子链以及具有β-转角结构的分子有可能形成准晶态结构，无规则螺旋状构象的分子链构成橡胶状柔性的非晶区域。

2. 主要结构

（1）聚集态结构　聚集态结构是决定纤维性能的关键因素之一。蜘蛛丝的聚集态结构包括原纤化结构、皮芯结构、纳米原纤维的渔网状结构以及β薄片纳米晶体与非晶态基体的两相结构，这些结构特征共同赋予了蜘蛛丝优异的力学性能。

（2）原纤化结构　原纤化结构是指蜘蛛丝中的蛋白质分子链在形成过程中自我折叠并交织在一起，构建出的高度有组织的结构。这种结构的形成是由于蜘蛛丝蛋白在离开蜘蛛身体时发生自我折叠和交织。由于其高度有组织的结构，原纤化结构赋予了蜘蛛丝极高的弹性和强度，使其能够有效地用于捕捉昆虫和制造蜘蛛网。

（3）皮芯结构　蜘蛛丝由两层不同的蛋白质组成，一层是外层的皮层，另一层是内层的芯层。这种结构的形成是通过蜘蛛腺体内的分泌机制实现的，蜘蛛腺体会分泌出两种不同功能的蛋白质，分别用于构成蜘蛛网的牵丝和轮状网面（拖丝）以及黏附昆虫并提供强大弹性的捕捉丝。皮芯结构使得蜘蛛丝在不同应用中表现出优异的力学性能，如抗拉强度和延展性。皮层主要负责提供蜘蛛网的支撑和稳定性，而芯层则负责捕捉昆虫并提供强大的弹性，防止昆虫挣扎时反弹。这种结构的设计使得蜘蛛丝在不同的应用场景中都能发挥出最佳性能。

（4）形态结构　蜘蛛丝的断面形状基本为圆形。蜘蛛牵引丝为双芯皮芯层结构，截面内含有结构不同的多种组分，分别构成其皮层、外芯层和内芯层，芯层内沿纤维轴线方向排列的折叠的原纤使纤维的强度和伸长能力提高，这种特殊的微观形态结构应该是蜘蛛丝具有优异力学性能的关键因素之一。

（5）蛋白液晶结构　在纺丝过程中，蜘蛛将水溶性的丝蛋白变成不溶性固体纤维，形成的丝纤维中结晶区和非晶区并存。用偏光显微镜观察络新妇属蜘蛛大囊状腺的丝蛋白的液晶结构及分泌丝的路径，可以发现腺体管内低剪切率的流动伸长有利于蛋白分子链沿纤维轴向取向，图 5-4 所示为结圆网蛛大囊状腺腺体结构图。腺体内存在两种液晶结构的蛋白，由囊腔到 S 形管这一段区域，丝蛋白液由向列型液晶结构转变为胆甾型，这种变化不太可能是因为水分的变化而实现的，更可能是由于 pH 值的变化而引起，或是由于丝蛋白溶液伸长流动速率的增加而形成的。腔体和 S 形管的直径变化可以产生较小的流动伸长，以避免液晶过早形成，当丝离开导丝管后受到进一步牵伸从而改善了分子沿纤维轴向的取向。但是，对蜘蛛主腺体内纺丝管前部的液状丝蛋白的观察结果正好与此相反，在该区域丝蛋白溶液呈胆甾型液晶态，这种胆甾型液晶在流动过程中逐渐向向列型转变，并在转变成向列型后，进一步结晶形成分子链呈 β-折叠构象，胆甾型液晶还会因外部的影响而被破坏。

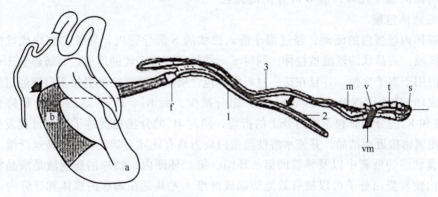

a—A 区　b—B 区　f—漏斗　1—导管的第一环圈　2—导管的第二环圈　3—导管的第三环圈
m—导管的提肌肌肉　v—阀门　vm—阀门伸张器　t—末端管　s—吐丝口

图 5-4　结圆网蛛大囊状腺腺体结构图

3. 成丝过程

蜘蛛能根据所处环境的不同，自动调节丝纤维的力学性能，以用最小的消耗满足其生活的需要。天然蜘蛛丝优异的力学性能和高效的纺丝过程对生物及材料学家来说始终是一个未揭开的谜。了解蜘蛛是怎样在常温、低压下将天然的生物高分子材料——丝蛋白"制备"成具有高性能的天然蛋白质纤维的，对仿蜘蛛丝的研究和开发具有十分重要的意义。

图 5-5 为蜘蛛大囊状腺分泌牵引丝的过程中，液晶状丝蛋白的流动变形过程以及腺体各部位上液晶的组织结构。图形上部的断面图像为纺丝管 A~G 各个不同部位上的内部结构，反映了纺丝过程中腺体各部位内丝蛋白的拉伸情况。图形的下部反映了纺丝管在纺丝过程中的作用，以及液晶状腺体内丝蛋白的流动情况。其中，A 为丝素蛋白形成的早期阶段，显示初始腺体结构；B 为丝素蛋白开始排列和拉伸，表明结构发生变化；C 为丝素蛋白分子进一步排列和拉伸增加；D 为压缩和取向增加，可能为挤出做准备；E 为几乎完全排列，接近最终的丝形态；F 为纺丝前的最终结构排列；G 为表示挤压后完全拉伸和排列的丝纤维。

具有皮芯层结构的蜘蛛丝，其皮层和芯层的丝蛋白分别是由腺体上的 B 区和 A 区分泌的，A 区为尾部和液囊的第一部分，B 区从液囊的最宽处一直到漏斗，A 区的分泌物中含有短而细的微管，B 区的分泌物为六角形的柱状液晶体。

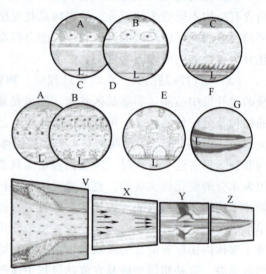

图 5-5 液晶状丝蛋白的流动变形过程

分泌芯层丝蛋白的 A 区的上皮细胞由一种长长的柱状分泌细胞组成，并被腺体分泌的小粒包裹。这些细胞内含有水分并有很大的黏性，通常是含约 50% 蛋白的黄色液体，该液体大多为蜘蛛丝蛋白Ⅰ型和Ⅱ型，是蜘蛛牵引丝的主要蛋白。由 A 区分泌的溶液并不是均匀的液体，而是包含了许多与蚕丝腺体内相似的小球状液滴，这些液滴沿整个尾部和液囊流动，它们首先聚合然后被牵伸为长而细的微管。当 A 区分泌物流向漏斗处时，被 B 区分泌的无色黏稠均匀的液体包覆。

随着腺体内丝蛋白的流动，经过漏斗进入锥状的 S 形导管内，导管是蜘蛛成丝的重要器官，在该区域，液晶状纺丝液被拉伸，同时 S 形纺丝管有助于丝的形成，而纺丝管末梢的上皮细胞则专门用于离子交换，并且在这一过程中还包含质子的抽吸。牵引丝蛋白液经过纺丝管时元素的组成和 pH 值均逐渐变化。Na^+、Cl^- 组分减少，而 K^+、P、S 增加，pH 值降低，说明 Na^+ 的吸收和 K^+ 的分泌有利于蛋白分子的折叠，同时 H^+ 的分泌也促进了这一过程发生，使分子更易互相紧密接近而结晶，并使水溶性丝蛋白成为具有优异力学性能的蜘蛛丝纤维。

在大囊状腺的液囊中以及导管的第一环圈、第二环圈内，蜘蛛的纺丝液是液晶状的，液晶状的结构使丝蛋白分子可以被有效地纺制成纤维。尤其是在蜘蛛的腺体和导管内，分子形成了向列相，相邻分子链轴线间几乎互相平行，这有利于分子形成比较规整的排列。液晶的存在使浓度较高的黏性丝蛋白溶液能缓慢地流过液囊和导管。

当纺丝管聚合或扩张时，液晶状纺丝液沿管流动，并在几乎恒定的速率下延伸，纺丝液中球状液滴伸展成细而长的沿轴向排列的微管，这些微管对纤维的韧性有一定的作用。S 形导管的直径随着其离开漏斗的距离的增加而减小，直径和距离之间呈双曲线变化规律。在离开漏斗和导管的转折点后，导管直径的变化比较缓慢，并且直径和腺体长度的比值几乎恒定，这说明腺体在导管内的流动速度缓慢而恒定，使纺丝应力低而均匀，以免丝蛋白在进入高速剪切的牵引区前形成预结晶，同时阻止了凝固在丝蛋白分子达到最佳取向前形成。同时，当蜘蛛腺体分泌的纺丝液形成纤维时，它从纺丝管内流出，可能被因相态分离而产生的水润滑，使导管中拉出丝所需的力低于或等于纺丝液沿管壁流动的力。当纺丝液到达导管的某一位置时，开始产生延伸，并且导管的锥形构造使拉伸点可以随纺丝速率的变化而变化，从而使蜘蛛丝的直径随纺丝速度而调整。

当纺丝液进入牵引区 X（该区域在离成熟蜘蛛吐丝口前约 4 mm，位于导丝管第三环圈出口处）时，因为管径的突然变小，纺丝液被快速拉伸，产生较高的应力，这一过程中产生的应力也许会使纺丝液分子进一步取向，并形成以氢键连接的反平行 β-折叠构造。丝纤维出吐丝口后，在空气中会被进一步地拉伸。

5.3 蜘蛛丝的性能

5.3.1 力学性能

蜘蛛丝是一种由蜘蛛通过腺体分泌而成的天然纤维，以其卓越的力学性能和生物相容性而闻名。它在高强度、高延展性、优异的弹性等方面展现出独特的优势。早在中世纪（公元 5 世纪后期到公元 15 世纪中期）人们就从蜘蛛网在捕捉猎物时的作用发现蛛丝具有不同于一般天然纤维的优异性能，一根直径几微米的蜘蛛丝纤维能承受几克重的蜘蛛。当蜘蛛从高空垂直下落时，其分泌的牵引丝能承受的负荷为蜘蛛自重的数倍。

1. 高强度

蜘蛛丝的强度通常在 1.0~1.5GPa 之间，这使其能够承受巨大的拉力。某些种类的蜘蛛丝甚至可以达到 2GPa 的强度。

蜘蛛丝的强度主要受以下因素的影响：

（1）分子结构　蜘蛛丝主要由丝蛋白构成，包含大量的重复氨基酸序列，这些序列形成了高度有序的 β-折叠晶区。这些晶区通过氢键和其他分子间作用力紧密结合，提供了蜘蛛丝的高强度。

（2）结晶区比例　蜘蛛丝中的结晶区与无定形区相结合，结晶区的比例直接影响到丝的强度。较高的结晶区比例通常意味着更高的强度，因为这些区域提供了坚固的分子网络。

（3）氢键和分子间的作用力　在结晶区，氢键和范德华力等分子间作用力增强了丝的结构稳定性，使其能够承受高应力。

2. 高延展性

蜘蛛丝的延展性，即其在断裂前能够拉伸的长度，可以达到 30% 以上。这种高延展性远超过许多合成纤维和金属材料，赋予蜘蛛丝在应用中的独特优势。

蜘蛛丝的高延展性主要受以下因素的影响：

（1）无定形区的存在　无定形区内的蛋白质链相对松散，能够在外力作用下发生滑动和重排，从而延展。这些区域富含柔性氨基酸（如丝氨酸和丙氨酸），使得分子链能够在较大变形下保持连续性。

（2）蛋白质的柔性结构　丝蛋白柔性结构，如无规则卷曲和 α-螺旋，允许分子链在受到拉力时展开并重新排列，这一过程显著增加了蜘蛛丝的延展性。

3. 优异的弹性

蜘蛛丝具有良好的弹性，即在大变形后能够迅速恢复原状。这种特性对于蜘蛛网的捕捉功能起到了关键性的作用，能够有效吸收和释放捕捉猎物时的动能。

蜘蛛丝的弹性主要受以下因素的影响：

（1）分子链的动态行为　分子链在外力作用下能够进行滑动、展开和重排，这使得蜘蛛丝具有良好的弹性。在拉伸过程中，分子链重新排列并适应外力，而在卸载后，这些链条能够回到原位。

（2）蛋白质二级结构　β-折叠结构和螺旋结构为蜘蛛丝提供了弹性模量的调节能力。在外力作用下，这些结构能够部分恢复，从而确保弹性。

4. 优异的能量吸收能力

蜘蛛丝具有极高的能量吸收能力，这意味着它能够在外力作用下吸收大量的能量而不发生断裂。这一特性使得蜘蛛丝在防护材料和抗冲击应用中具有很大的潜力。

蜘蛛丝优异的能量吸收能力主要受以下因素的影响：

（1）韧性　韧性是指材料在断裂前吸收能量的能力。蜘蛛丝的高韧性源于其强度和延展性的结合，使其能够在吸收大量能量的同时保持结构完整。

（2）分子链的动态行为　分子链在受力过程中发生的滑动、展开和重排行为，有助于吸收和耗散外界能量。这些动态行为使得蜘蛛在高应力条件下仍能保持稳定。

5.3.2　超收缩性能

超收缩性能是蜘蛛丝的重要特性之一，指的是在特定环境条件下（如湿度变化）蜘蛛丝发生显著长度收缩的现象。如蜘蛛丝在吸收水分或暴露于高湿度环境下，其长度显著收缩。通常情况下，这种收缩可以达到原始长度的50%甚至更高。超收缩性能在蜘蛛的生物学功能和蜘蛛丝的机械特性中发挥着重要作用。

蜘蛛丝的超收缩性能主要受以下因素的影响：

（1）湿度　湿度是影响蜘蛛丝超收缩性能的最主要因素。高湿度环境下，蜘蛛丝会吸收水分，引发其结构发生变化，导致纤维长度显著收缩。

（2）温度　可以通过控制牵引丝的超收缩程度来调整纤维的力学性能。温度变化对超收缩性能也有影响。虽然主要的诱因是湿度，但温度升高会加速水分的吸收和分子运动，从而加剧超收缩效应。

（3）纤维的历史应变　蜘蛛丝在不同的力学历史（如拉伸或压缩）下，其超收缩行为可能有所不同。预先拉伸的纤维在超收缩时表现出更明显的长度变化。

（4）蛋白质结构　蜘蛛丝蛋白的分子结构和排列方式直接影响其超收缩性能。结晶区和无定形区的比例、蛋白质分子链的柔韧性等都是关键因素。

蜘蛛丝的超收缩性能对蜘蛛网的功能有重要意义。在高湿度环境下，蜘蛛网的丝会收缩，增强网的张力，有助于捕捉猎物。同时，这种性能也使得蜘蛛网在潮湿条件下能够自动修复和调整，保持其结构和功能。同时，超收缩性能使蜘蛛丝能够适应不同的环境条件。无论是干燥还是潮湿，蜘蛛丝都能通过结构调整来维持其力学性能，保证蜘蛛的生存和捕食效率。

5.3.3 热学性能

蜘蛛丝的热学性能包括热稳定性、导热系数、热膨胀系数以及在不同温度下的力学性能变化等。这些性能不仅影响蜘蛛丝的自然功能，也为其在工业和医学领域的应用提供了新的依据。

1. 热稳定性

热稳定性指材料在高温下保持其结构和性能的能力。蜘蛛丝在相对较高的温度下表现出良好的热稳定性，这使其能够在环境温度波动较大的情况下保持功能。蜘蛛丝在200℃以下的温度范围内能够保持其结构和力学性能，而在超过这一温度时，其分子结构开始发生变化，导致力学性能下降。具体而言，蜘蛛丝在250℃左右开始分解，这表明其热稳定性优于合成聚合物。

影响蜘蛛丝热稳定性的因素有：

（1）分子结构 蜘蛛丝的主要成分是丝蛋白，具有高度有序的β-折叠和无定形区的组合。这种结构在高温下具有一定的稳定性，能够抵抗热分解。

（2）氢键和其他分子间作用力 丝蛋白分子之间的氢键和范德华力在高温下起到稳定分子结构的作用，推迟热分解的发生。

（3）含水量 蜘蛛丝的含水量也影响其热稳定性。干燥的蜘蛛丝在高温下更稳定，而潮湿的蜘蛛丝由于水分子的存在，可能会在较低温度下发生结构变化。

2. 导热系数

导热系数是指材料传导热量的能力。蜘蛛丝的导热系数较低，这意味着它是一种良好的热绝缘材料。蜘蛛丝的导热系数约为 $0.3 \sim 0.4$ W/(m·K)，与常见的有机聚合物如尼龙和涤纶相近，但远低于金属和无机材料。这个特点使得蜘蛛丝在某些应用中可以用作热绝缘材料。

影响蜘蛛丝导热系数的因素主要有：

（1）分子结构和排列 蜘蛛丝中无定形区的存在以及蛋白质分子链的随机排列导致其导热系数较低。热量在传导过程中需要穿过无序的分子链，增加了热阻。

（2）晶体区的影响 尽管蜘蛛丝中有结晶区，这些区域有助于热量的传导，但总体上无定形区的比例较大，使得其整体导热系数偏低。

（3）纤维直径 蜘蛛丝的纤维直径对其导热系数也有一定影响。较细的纤维由于表面积大，导热系数相对更低。

3. 热膨胀系数

热膨胀系数指材料在温度变化时其尺寸变化的程度。蜘蛛丝的热膨胀系数相对较低，这意味着其在温度变化时尺寸变化不大。蜘蛛丝的热膨胀系数为 $(5 \sim 10) \times 10^{-6}/℃$，这一数值表明其在温度变化范围内能保持较好的尺寸稳定性。

蜘蛛丝的热膨胀系数主要受以下因素影响：

（1）分子间作用力　强烈的氢键和分子间作用力使得蜘蛛丝在加热时分子链不易发生大的位移，从而限制了热膨胀。

（2）分子结构的有序性　结晶区内的高度有序结构在加热时变化较小，有助于维持整体的尺寸稳定性。

蜘蛛丝的热稳定性和生物相容性使其在高温灭菌后仍能保持功能，适用于生物医学器械和植入物。低导热系数和热膨胀系数使蜘蛛丝适用于制造功能性服装和绝缘材料，能够在温度变化环境下保持舒适性和稳定性。蜘蛛丝的热稳定性和低热膨胀系数的特点对轻质、耐高温材料的需求具有重要意义，适用于航空航天器的关键部件。此外，蜘蛛丝在不同温度下表现出的力学性能变化和热膨胀特性为智能材料的设计提供了新的思路。

5.3.4　变色性能

络新妇蜘蛛以织金色圆网而闻名，它能分泌出具有亮黄色的牵引丝。但研究还发现采用同样方法饲养的络新妇蜘蛛，在被强制卷取牵引丝时，是会呈现不同颜色的，各蜘蛛个体吐出的牵引丝的颜色有相当大的变化。有些蜘蛛在饲养期间只分泌白色丝；而有些只分泌黄色的丝；还有的在取丝初期吐的是黄色的丝，接下来就全吐白色丝；有的蜘蛛在不同的取丝条件下吐不同颜色的丝。

蜘蛛丝的变色性能，或称为变色效应，是近年来在材料科学领域受到关注的一个研究方向。蜘蛛丝的变色性能主要与其光学特性和环境响应能力有关。以下是几种可能的变色机制：

1. 光子晶体结构

某些蜘蛛丝具有纳米级的周期性结构，这些结构类似于光子晶体，可以通过干涉效应和布拉格散射来反射特定波长的光，从而呈现出不同的颜色。当环境条件（如湿度、温度）变化时，这些结构的尺寸或排列就可能发生改变，导致反射光的波长发生变化，从而呈现出不同的颜色。

2. 环境响应染料

在实验中，科学家们有时会将环境响应型染料（如酸碱指示剂、温度指示剂）掺入到蜘蛛丝中。这些染料可以响应环境变化（如 pH 值、温度）的变化而改变其化学结构，从而改变颜色。

3. 应力诱导变色

蜘蛛丝在受到拉伸、扭曲等机械应力时，其内部结构可能发生变化，从而影响其光学特性。这种应力诱导的结构变化可能导致颜色的变化。

蜘蛛丝的变色性能在多个领域具有潜在应用价值：

（1）智能纺织　变色蜘蛛丝可以用于制作智能纺织品，这些纺织品能够响应环境变化（如温度、湿度）而改变颜色，用于服装、医疗和军事等领域。

（2）环境监测　将变色蜘蛛丝用于环境传感器，可以实时监测环境参数的变化，并通过颜色变化提供可视化反馈。例如，用于检测空气污染物、水质变化等。

（3）生物医学　在生物医学领域，变色蜘蛛丝可以用于开发新型生物传感器，用于实时监测生物体内的化学环境变化，如 pH 值、离子浓度等，帮助诊断和治疗疾病。未来，随着纳米技术、材料科学和生物工程技术的发展，蜘蛛丝的变色性能有望在更多领域得到应用。多学科交叉研究将进一步推动这一领域的发展，开发出更高性能、更多功能的变色蜘蛛丝材料。

5.4 基于蜘蛛丝材料的仿生设计

5.4.1 仿蜘蛛丝纺织材料

1. 高性能纤维

仿蜘蛛丝纤维因其高强度和高韧性，被用来开发高性能纺织品。例如，科学家们利用基因工程技术，将蜘蛛丝蛋白基因插入其他生物（如大肠杆菌、酵母和蚕）中，通过生物合成大量的蜘蛛丝蛋白，再将其纺织成纤维。这些仿生纤维可以用于制作防弹衣、防护服和运动装备等。

1) 通过转基因技术将蜘蛛丝蛋白基因插入山羊体内，从山羊乳汁中提取蜘蛛丝蛋白，再纺制成纤维。这种仿生蜘蛛丝被称为"BioSteel"。"BioSteel"纤维具有接近天然蜘蛛丝的力学性能，如高强度（大约1.5GPa）和高韧性（伸长率约15%~20%）。此外，这种纤维还表现出良好的弹性和生物相容性。

2) 蜘蛛丝的蛋白质结构主要由两种蛋白质组成，具有独特的氨基酸序列和二级结构，使其具有高强度和高韧性。通过复制这些蛋白质的基因序列，实现仿生制造。

3) 图5-6为蜘蛛丝纤维的应力-应变曲线。受蜘蛛丝的有序结构和纺丝方法的启发，通过凝胶纺丝的方法，实现了调控导电水凝胶中高分子链的排列和取向，制备出高性能导电水凝胶纤维，表现出优异的力学性能、导电性能以及抗冻性能，不仅可以在大幅度拉伸后快速回复，还能在-35℃的低温下保持其可拉伸性和导电性，具有优异的抗冻性能。

2. 变色纺织品材料

利用蜘蛛丝的变色性能，开发出能够随环境变化而改变颜色的智能纺织品。例如，将环境响应染料掺入蜘蛛丝纤维中，制作出能够感知温度、湿度或pH值变化的织物，用于健康监测或环境监控。以下是一些具体实例，展示了如何利用蜘蛛丝的独特特性和现代技术，开发出智能变色纺织品。

1) 通过在纤维中掺入响应环境变化的染料，结合仿生蜘蛛丝的特性，实现智能变色效果。利用静电纺丝技术，将天然或仿生蜘蛛丝与环境响应染料结合在一起。这些染料可以是对温度、pH值、湿度等环境因素敏感的物质。这些智能纺织品能够根据外界环境的变化实时改变颜色。例如：在高温下染料变红，低温时变蓝；在酸性环境中染料变蓝，碱性环境中变黄；在潮湿环境中染料变深色，在干燥环境中变浅色。这种智能纺织品可广泛应用于健康监测、环境传感器、时尚设计等方面。

2) 华东理工大学开发了一种具有环境响应性的纤维材料，通过纳米技术和仿生设计，实现纺织品的智能变色功能。利用静电纺丝或湿法纺丝技术，将响应性染料与仿生蜘蛛丝蛋白结合，形成具有周期性纳米结构的纤维。这些结构可以增强染料对环境变化的响应能力。这些纤维在不同环境条件下（如温度、湿度、pH值）展示出显著的颜色变化。这些变色纤

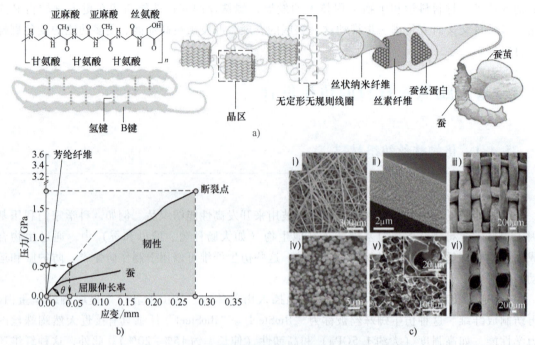

图 5-6 蜘蛛丝纤维的应力-应变曲线

维材料在智能医疗设备、智能服饰、安全设备等领域有很大的应用前景。

3)一些国际研究团队也在探索利用仿生蜘蛛丝的变色性能,开发智能纺织品。例如,欧洲和美国的一些大学和研究机构通过多学科合作,推动这一领域的发展。通常采用先进的材料科学技术,如纳米涂层、复合材料设计和3D打印,将变色染料与蜘蛛丝结构结合,制造具有特殊光学性能的纤维。通过精细设计的纳米结构和材料组合,这些纺织品展示了高灵敏度和耐用性,可以应用在智能显示设备、防伪标记、环境监测等领域。

5.4.2 仿蜘蛛丝医用材料

利用仿蜘蛛丝材料良好的生物相容性和可降解性,研究者们在医用缝合线、组织工程支架、药物释放系统、生物传感器和生物可降解导管等领域取得了显著进展。这些研究不仅展示了仿生材料在生物医学领域的巨大潜力,还为开发新型医疗器械和治疗方法提供了新的思路和技术支持。

1)从细胞内外水相分区的结构中得到启发,使用基于双水相层流的微流控纺丝技术,利用了双水相分区效应的机理,在界面上快速交联形成了纤维,并阻止了后续物质的扩散和继续反应,形成了仿蛛丝中空微纤维,可作为伤口敷料应用于医药领域。该材料为生物相容性材料,覆盖在伤口表面能够有效吸收多余的伤口渗出液,并可以形成凝胶保护创面。此外,由于在纤维的制备过程中引入了双水相,纤维具有封装酶、蛋白质的特性,因此该纤维可以负载生长因子、抗炎和促凝血类的药物作为伤口敷料,达到加速伤口的创面愈合的效果。

2)拜罗伊特大学研究团队利用基因工程技术,在细菌中表达蜘蛛丝蛋白,并将其加工成医用缝合线。这些缝合线在动物实验中表现出良好的生物相容性和可降解性。这种缝合线能够提供足够的拉力以保持伤口闭合，而不会引起严重的炎症反应，在体内逐渐降解，避免二次手术取出缝合线。这种仿蜘蛛丝缝合线适用于各种外科手术，特别是需要长时间支持的伤口闭合，如腹部手术和整形外科。

3) 哈佛大学将抗癌药物嵌入仿蜘蛛丝纳米颗粒中，制备了用于癌症治疗的药物释放系统。这些纳米颗粒在体内能够缓慢释放药物，有效杀死癌细胞。仿蜘蛛丝纳米颗粒具有较大的比表面积，可以负载大量药物。通过调整纳米颗粒的结构和成分，控制药物释放速率，不会引起免疫反应或毒性。这种药物释放系统在癌症治疗、慢性病管理和局部药物递送方面具有重要的应用前景，能够提高药物的治疗效果并减少副作用。

4) 瑞士联邦材料科学与技术研究所开发了基于仿蜘蛛丝的葡萄糖传感器，用于实时监测糖尿病患者的血糖水平。这些传感器通过嵌入葡萄糖氧化酶等生物活性物质，能够灵敏地检测血糖变化，适用于长期植入体内，不引起免疫排斥反应，可广泛应用于糖尿病管理、代谢疾病监测和其他需要实时监测体内化学变化的领域。

5) 利用仿蜘蛛丝材料开发了一种可降解的血管导管。在动物实验中，这种导管表现出良好的力学性能和生物相容性，能够在体内逐步降解，避免了长期植入引起的感染和炎症，能够提供足够的支撑和灵活性，在完成导管功能后逐步降解，无须二次手术取出。这种可降解导管，在血管手术、导尿和其他需要短期植入的医疗设备中具有重要的应用价值。

6) 华盛顿大学的研究利用3D打印技术将仿蜘蛛丝蛋白与其他生物材料结合，制备了骨组织工程支架。这些支架在体外实验中表现出良好的细胞附着和生长能力。这种支架可以提供足够的支撑以支持细胞生长和组织重建，能够支持骨细胞和软骨细胞的附着和增殖，可用于治疗骨折、骨缺损和软骨损伤。

5.4.3 仿蜘蛛丝高性能材料

1. 仿蜘蛛丝超强韧材料

利用仿蜘蛛丝的高强度和高韧性特性，开发出超强韧材料，应用于航空航天、建筑和军事等领域。例如，通过模拟蜘蛛丝的纳米结构和组分，开发出具有卓越力学性能的仿生复合材料。用于制备高强韧纤维的材料包括重组蛛丝蛋白、非蛛丝蛋白、高分子材料（如水凝胶、聚氨酯、纤维素等）及其复合材料。

1) 利用合成生物学和材料科学技术，开发出一种基于重组蜘蛛丝蛋白的高性能合成蜘蛛丝纤维。模拟的纳米结构和组分为重组蜘蛛丝蛋白的氨基酸序列和二级结构，并通过静电纺丝技术，形成具有纳米级排列的纤维。所制备纤维的强度达到1.5GPa，韧性接近天然蜘蛛丝。这种合成纤维可用于制造防弹衣、运动装备、医用缝合线和高性能绳索等。

2) 通过模拟蜘蛛丝的分子结构和层状纳米结构，开发出具有高强度和高韧性的复合材料。麻省理工学院和清华大学合作的研究团队通过将石墨烯纳米片与合成蜘蛛丝蛋白结合，开发出一种新型复合材料。模拟天然蜘蛛丝的分子结构，提供韧性和生物相容性，通过自组装技术，形成类似蜘蛛丝的层状结构。所制备的复合材料强度超过2GPa，在高应变下不易断裂，还具有良好的导电性能，在航空航天、国防、工业生产等领域中具有重要应用。

3）斯坦福大学的研究团队通过将合成蜘蛛丝蛋白与聚乳酸结合，开发出一种可降解的高性能仿生材料。这种材料通过溶液共混和静电纺丝技术，形成均匀的纳米级复合结构，可以提供作为可降解基材，提供生物降解性。其强度和韧性接近天然蜘蛛丝，在生物环境中逐渐降解，无须二次处理。这种可降解仿生材料可用于制造医用植入物、组织工程支架和环境友好型包装材料。

4）模拟蜘蛛丝的表面结构，开发出具有超疏水性的材料，可用于防水、防污等应用。苏黎世联邦理工学院的研究团队通过纳米制造技术，将合成蜘蛛丝蛋白与纳米颗粒结合，通过化学气相沉积和自组装技术，形成超疏水表面，开发出超疏水涂层材料。其水滴接触角超过150°，在机械摩擦下保持超疏水性能，可用于防水涂层、自清洁表面和防污材料。

2. 仿蜘蛛丝智能材料

通过模拟蜘蛛丝的变色性能，研究人员开发了一系列环境响应的高分子材料。这些材料能够在不同温度、pH、光照和湿度条件下改变颜色，具有广泛的应用前景，包括智能包装、健康监测、环境监测和智能纺织品。这些研究不仅展示了仿生材料在智能材料领域的巨大潜力，还为开发新型功能材料提供了新的思路和技术支持。

（1）湿度变色高分子材料　华盛顿大学的研究团队开发了一种基于合成蜘蛛丝蛋白的智能材料，能够根据湿度变化调整其力学性能。通过共混和静电纺丝技术，形成能够响应湿度变化的纳米结构，嵌入湿度响应聚合物（如聚乙烯醇）后所制备的智能材料在干燥状态下具有高强度和韧性，湿度变化时可以调整刚度和柔韧性，可用于开发智能纺织品、传感器和可调节医用设备。

（2）热致变色高分子材料　蜘蛛丝的一些类型在受热时会表现出颜色变化。通过模拟这种特性，科学家们开发了能够响应温度变化的变色高分子材料。日本理化学研究所通过模仿蜘蛛丝中的热敏蛋白质结构，嵌入热敏染料，通过溶液共混和静电纺丝技术，形成能够响应温度变化的纳米结构，发了一种基于仿蜘蛛丝的热致变色高分子材料，该材料能够在不同温度下显示不同颜色。该材料保持了仿生蜘蛛丝的强度和韧性，在冷却后恢复原有颜色，适用于多次使用，可以用于制造温度指示标签、智能服装和温度传感器。

（3）pH响应变色高分子材料　某些蜘蛛丝在不同pH环境中会表现出颜色变化。通过模拟这一特性，研究人员开发了能够响应pH变化的变色高分子材料。麻省理工学院模仿蜘蛛丝中的pH敏感蛋白质结构，嵌入pH敏感染料，通过共混和静电纺丝技术，形成能够响应pH变化的纳米结构，开发了一种基于仿蜘蛛丝的pH响应变色材料，能够在不同酸碱度条件下改变颜色。这种材料可以用于制造pH指示剂、智能包装和生物传感器。

（4）光致变色高分子材料　通过模拟某些蜘蛛丝在不同光照条件下会表现出颜色变化的这一特性，瑞士苏黎世联邦理工学院通过溶液共混和静电纺丝技术，开发了一种基于仿蜘蛛丝的光致变色材料，能够在不同光照条件下改变颜色。这种材料可以用于制造紫外指示标签、智能窗户和光传感器。

5.4.4　仿蜘蛛丝机器人

1. 仿蜘蛛丝柔性机器人

仿蜘蛛丝的高强度和柔性特性适用于开发柔性机器人。例如，科学家们通过仿生设计，利用仿蜘蛛丝材料制作柔性机械臂或柔性关节,这些机器人可以在复杂环境中执行任务,如搜救、医疗辅助等。

(1) 仿生柔性机械臂　麻省理工学院的研究团队利用合成蜘蛛丝蛋白作为基础材料,通过静电纺丝技术制造出高强度纤维,将蜘蛛丝纤维编织成网状结构,并结合柔性聚合物基质,开发了一种基于仿蜘蛛丝的柔性机械臂,能够结合柔性电制动器,实现机械臂的灵活运动,执行复杂的抓取和操作任务。这种机械臂能够承受高负荷,并在复杂操作中保持稳定性,在医疗手术辅助、精密制造、服务机器人和仿生机器人等领域具有广泛的应用。

(2) 柔性机器人皮肤　加州大学伯克利分校的研究团队利用合成蜘蛛丝蛋白结合柔性导电聚合物,在仿蜘蛛丝薄膜中嵌入纳米级压力传感器和温度传感器,形成多功能感知层,然后将材料加工成薄膜状,嵌入微型传感器,实现对压力、温度和化学环境的高灵敏度响应。这种柔性机器人皮肤可用于仿生机器人、医疗护理机器人和环境监测设备,提升机器人在复杂环境中的适应能力。

(3) 仿生柔性抓手　瑞士联邦理工学院使用仿蜘蛛丝纤维、柔性硅胶复合材料和仿生手指结构(图5-7),结合仿蜘蛛丝纤维的高韧性和柔性硅胶的高伸展性,形成高效抓取系统,从而开发了一种基于仿蜘蛛丝的柔性抓手,能够高效抓取和搬运各种形状和尺寸的物体。这种仿生柔性抓手在医疗辅助、自动化生产线、物流搬运和服务机器人等领域具有广泛应用。

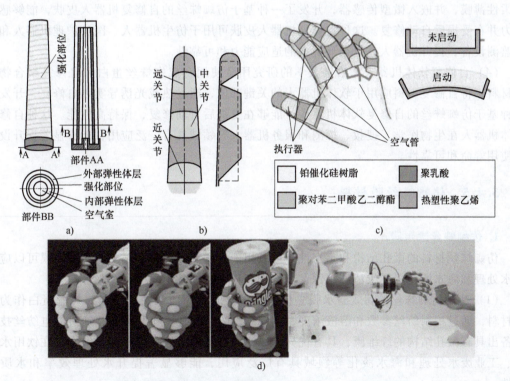

图 5-7　受蜘蛛丝启发的软机械手的集成设计、制造和控制

(4) 可穿戴柔性机器人设备　韩国高等科技研究院结合人体工学设计,将材料制成柔性外骨骼和肌肉辅助装置,利用合成蜘蛛丝蛋白与柔性导电聚合物复合,在设备中嵌入柔性

传感器，开发了一种基于仿蜘蛛丝的可穿戴柔性机器人设备，能够辅助人类完成复杂动作。这种可穿戴柔性机器人设备在康复治疗、运动辅助、军事应用和老年人护理等领域具有广泛应用。

2. 仿蜘蛛丝自修复机器人

利用蜘蛛丝的自修复能力，开发出具有自修复功能的机器人材料。当材料受到损伤时，可以通过热、光或化学刺激促使材料自我修复，恢复其力学性能。

（1）仿蜘蛛丝自修复机器人材料　剑桥大学的研究团队使用重组蜘蛛丝蛋白与自修复聚合物结合，将自修复聚合物嵌入蜘蛛丝纤维的结构中，通过分子链的重新排列和重组实现自修复功能，通过静电纺丝和溶液共混技术，开发了一种基于仿蜘蛛丝蛋白的自修复聚合物材料，应用于柔性机器人。在受损后，这种材料能够通过加热、溶剂处理或外力作用，自行恢复原有强度和结构。可用于开发柔性机器人、医用设备和高性能复合材料，提高其使用寿命和可靠性。

（2）自修复柔性机械臂　利用合成蜘蛛丝蛋白和自修复聚合物复合材料，将自修复材料应用于机械臂的关键部位，通过热诱导或光诱导实现材料的自修复，制造出具有自修复功能的机械臂。这种自修复柔性机械臂在工业自动化、医疗辅助和服务机器人领域具有广泛应用，能够显著提升设备的使用寿命和可靠性。

（3）自修复机器人皮肤　利用合成蜘蛛丝蛋白与自修复导电聚合物复合，将材料加工成柔性薄膜，并嵌入微型传感器，开发了一种基于仿蜘蛛丝的自修复机器人皮肤，能够感知压力并在受损后自动修复。这种自修复机器人皮肤可用于仿生机器人、医疗护理机器人和环境监测设备，提升机器人在复杂环境中的适应能力和可靠性。

（4）自修复软体机器人　哈佛大学的研究团队使用合成蜘蛛丝蛋白和自修复聚合物复合材料，将自修复材料应用于软体机器人的关键部位，通过热或光诱导实现自修复，开发了一种基于仿蜘蛛丝的自修复软体机器人，能够在受损后自动修复，保持高性能。这种自修复软体机器人在生物医学、搜救、探测和服务机器人等领域具有广泛应用，能够显著提升设备的使用寿命和可靠性。

5.4.5　仿蜘蛛丝膜材料

1. 仿蜘蛛丝滤水膜

仿蜘蛛丝材料的微孔结构和亲水性，可以用于开发高效的滤水膜。这些滤水膜可以应用于水处理和海水淡化，提供清洁水源，保护生态环境（图5-8）。

（1）基于仿蜘蛛丝的高效滤水膜　华盛顿大学的研究团队使用重组蜘蛛丝蛋白作为基础材料，通过控制纺丝参数和溶液浓度，调控纤维膜的孔径大小和分布，通过静电纺丝技术制备出具有微孔结构的纤维膜，具有优异的过滤性能和耐久性。这种高效滤水膜在饮用水净化、工业废水处理和海水淡化等领域具有广泛应用，能够显著提升水处理效率和水质安全性。

（2）复合仿生滤水膜　新加坡国立大学的研究团队用仿蜘蛛丝蛋白和纳米银颗粒，通过静电纺丝和化学沉积技术，调控仿蜘蛛丝纤维的微孔结构，同时均匀分布纳米银颗粒开发了一种基于仿蜘蛛丝和纳米银复合材料的滤水膜，具有优异的抗菌和过滤性能。这种复合仿

第5章 蜘蛛丝材料及其仿生设计

图 5-8 蜘蛛丝仿生超亲水纳米纤维膜用于油水分离

生滤水膜在医疗用水、食品工业和公共卫生等领域具有广泛应用，能够提供高效、安全的水处理解决方案。

（3）可再生仿生滤水膜　麻省理工学院的研究团队使用仿蜘蛛丝蛋白和自清洁聚合物，通过静电纺丝和溶液共混技术，调控仿蜘蛛丝纤维的微孔结构，以实现高效的水过滤和自清洁能力，开发了一种基于仿蜘蛛丝材料的可再生滤水膜，具有自清洁和高效再生能力。这种滤水膜可以多次再生使用，具有良好的耐久性和经济性，在家庭饮用水净化、工业废水处理和环保领域具有广泛应用，能够提供可持续和高效的水处理解决方案。

（4）高选择性仿生滤水膜　清华大学的研究团队使用仿蜘蛛丝蛋白和功能性螯合剂，通过静电纺丝和化学共价结合技术，调控仿蜘蛛丝纤维的微孔结构，使其具有特定的孔径分布，开发了一种基于仿蜘蛛丝材料的高选择性滤水膜，专门用于去除重金属离子。这种高选择性仿生滤水膜在工业废水处理、饮用水安全和环境保护等领域具有广泛应用，能够提供高效、精准的水处理解决方案。

2. 仿蜘蛛丝捕蚊网

仿蜘蛛丝的黏附性能可以用于开发捕蚊网，有效捕捉和消灭蚊虫，减少疾病传播，改善人类健康和生活质量。

（1）基于仿蜘蛛丝黏附性能的捕蚊网　模拟天然蜘蛛丝的纤维直径和表面结构，使用合成蜘蛛丝蛋白，通过化学修饰提高纤维的亲水性和黏附性，通过静电纺丝技术制备出具有高黏附性的纤维网。这种仿生捕蚊网在家庭、公共场所和农业领域具有广泛应用，能够有效减少蚊虫数量，降低疾病传播风险。

（2）纳米级仿蜘蛛丝捕蚊网　使用重组蜘蛛丝蛋白，精确控制纤维的直径和孔径分布，以最大化黏附表面积，通过纳米纺丝技术制备出纳米级纤维网。这种纳米级仿生捕蚊网在家庭、公共卫生、旅游和农业等领域具有广泛应用，能够有效减少蚊虫数量，降低疾病传播风险。

（3）自修复仿蜘蛛丝捕蚊网　清华大学的研究团队使用合成蜘蛛丝蛋白和自修复聚合物，通过静电纺丝技术制备出自修复纤维网，通过热或光诱导，实现材料在受损后的自动修复，恢复原有的黏附性能，开发了一种基于仿蜘蛛丝材料的自修复捕蚊网。这种自修复仿生捕蚊网在家庭、公共卫生、农业等领域具有广泛应用，能够显著提升捕蚊效率和使用寿命。

（4）功能复合仿蜘蛛丝捕蚊网　使用仿蜘蛛丝蛋白和功能性纳米材料，如纳米银和氧化锌，通过静电纺丝和化学共混技术，制备出功能复合捕蚊网，具有抗菌和抗紫外线等多重功能。这种功能复合仿生捕蚊网在家庭、公共卫生、旅游和农业等领域具有广泛应用，能够提供综合性、高效的蚊虫控制解决方案。

这些实例展示了仿蜘蛛丝材料在不同领域的广泛应用前景，通过仿生设计和技术创新，科学家们在不断探索新的应用可能，推动材料科学和工程技术的发展。

思 考 题

1. 简述蜘蛛丝的化学组成及性能。
2. 简述仿蜘蛛丝材料的应用。

第 6 章
骨材料及其仿生设计

骨是人或动物体内或体表坚硬的组织。自然骨骼是一种复杂的生物组织，其结构层次丰富，分内骨骼和外骨骼两种，人和高等动物的骨骼在体内，由许多块骨头组成，叫内骨骼；软体动物体外的硬壳及某些脊椎动物（如鱼、龟等）体表的鳞、甲等叫外骨骼。通常说的骨骼指内骨骼。

骨骼具有优秀的力学性能，如强度、韧性和硬度，能够承受人体和动物日常活动和外部冲击的作用。科学家们试图通过模仿自然骨骼的结构和功能来设计和制备人造骨骼材料。这种人造材料需要具备良好的生物相容性，能够与人体组织兼容，不产生排斥反应或其他不良反应。同时，人造骨骼材料还需要具备适当的力学性能，以满足患者在不同情况下的功能需求。

近年来，随着生物材料科学和工程技术的不断发展，许多新型人造骨骼材料已经被设计和制备出来，并在临床实践中得到了应用。例如，生物陶瓷材料、生物可降解聚合物材料、生物复合材料等，都在人造骨骼领域展现出了广阔的应用前景。然而，目前仍存在一些挑战和问题，如人造骨骼材料的生物稳定性、力学性能的优化等，需要进一步的研究和改进。通过深入研究自然骨骼的结构、组成和功能，借鉴生物材料科学和工程仿生技术，相信更加先进、更加符合临床需求的人造仿生骨材料会脱颖而出，为人类健康和医疗事业做出更大的贡献。

6.1 骨的形态特征

形态和功能是互相制约的，由于功能的不同，骨有不同的形态。基本可分为四类：长骨、短骨、扁骨和不规则骨，如图 6-1 所示。

1. 长骨

长骨呈长管状，分布于四肢，适应支持体重、移动身体和进行劳动的运动，在运动中起杠杆作用。长骨有一体和两端。体又名骨干，骨质致密，骨干内的空腔称为骨髓腔，内含骨髓；在体的一定部位有血管出入的滋养孔。端又名骺，较膨大并具有光滑的关节面，由关节软骨覆盖。

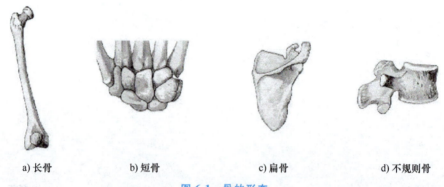

a) 长骨　　　　b) 短骨　　　　c) 扁骨　　　　d) 不规则骨

图 6-1　骨的形态

骨骼作为运动器官的一部分要承受外力，特别是长骨。图 6-2 是长骨的构造简图，长骨的构造特点是两端粗大而中部细长，是一种管形骨。骨干部分细长，其截面近似为圆形，它是空心的，中段的壁厚约为直径的 1/5。中部是质地致密、抗压、抗扭曲力强的骨密质。生物力学的分析表明凡是骨骼中应力大的区域也正好是强度高的区域，即骨密质区域；而长骨两端粗大，是呈海绵状、疏松的骨松质，其作用是一方面在受压时减缓压力的冲击，另一方面在与韧带、肌肉组织的协调配合上，粗大的端部有利于应力的传递，能更有效地发挥骨质

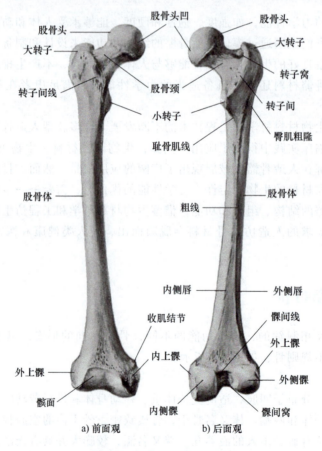

a) 前面观　　　　b) 后面观

图 6-2　长骨的构造（股骨）

致密的中段骨的承力作用。这种从骨端圆滑过渡到长骨中部的结构，也不会引起应力的集中。

小儿长骨的骨干与骺之间夹有一层软骨，称骺软骨。骺软骨既能不断增生，又能不断骨化，使骨的长度增长。成年后骺软骨骨化，原骺软骨处留有一线状痕迹，称骺线。

2. 短骨

短骨一般呈立方形，多成群地连接存在，位于既承受重量又运动复杂的部位，如腕骨和跗骨。

3. 扁骨

扁骨呈板状，分布于头、胸等处。常构成骨性腔的壁，对腔内器官有保护作用，如颅盖骨保护脑，胸骨和肋骨保护心肺等。

4. 不规则骨

不规则骨形态不规则，如椎骨。有些不规则骨，内有含气的腔，称含气骨，如位于鼻腔周围的上颌骨和筛骨等，发音时能起共鸣作用，并能减轻骨的重量。

6.2 骨材料的化学组成

骨骼系统有两方面的作用：一是保护内脏器官免受伤害，提供坚固的运动链和肌肉附着点，使肌肉和身体得以方便地活动；二是参与机体的钙和磷的代谢。骨中储存着大量的矿物质，特别是钙、磷。人体 90% 以上的钙和 65% 的磷，以羟基磷灰石的形式储于骨组织中，通过释放这些矿物质入血，可以维持体内的离子平衡。

骨材料由有机质和无机质组成。有机质主要是胶原纤维束和黏多糖蛋白等，构成骨的支架，赋予骨弹性和韧性。无机质主要为钙、磷及少量的镁等其他物质，使骨坚硬挺实，承受机械力量；同时与全身各组织之间保持化学平衡。

骨组织是由细胞（骨原细胞、成骨细胞、破骨细胞、骨细胞）和大量钙化的细胞间质组成。骨的钙化细胞间质又称骨基质，由有机成分和无机成分构成。

6.2.1 骨组织的细胞组成

骨组织的细胞成分包括骨原细胞、成骨细胞、骨细胞和破骨细胞。只有骨细胞存在于骨组织内，其他三种细胞均位于骨组织的边缘。

1. 骨原细胞

骨原细胞是骨组织中的干细胞。细胞呈梭形，胞体小，核卵圆形，胞质少，呈弱嗜碱性。骨原细胞存在于骨外膜和骨内膜的内层和中央管内，靠近骨基质面。在骨的生长发育时期，或成年后骨的改建或骨组织修复过程中，它可分裂增殖并分化为成骨细胞。

2. 成骨细胞

成骨细胞由骨原细胞分化而来，比骨原细胞体大，呈矮柱状或立方形，并带有小突起。核大而圆、核仁清楚。胞质呈嗜碱性，含有丰富的碱性磷酸酶。在电镜下，胞质内有大量的粗面内质网、游离核糖体和发达的高尔基复合体，线粒体也较多。当骨生长和再生时，成骨细胞于骨组织表面排列成规则的一层，并向周围分泌基质和纤维，将自身包埋于其中，形成类骨质，有骨盐沉积后则变为骨组织，成骨细胞则成熟为骨细胞。成骨细胞以顶质分泌的方式向类骨质内释放有膜包裹的小泡，称为基质小泡，其直径约为 0.1μm。小泡膜上有大量的碱性磷酸酶和三磷酸腺苷（Adenosine Triphosphate，ATP）酶，泡内含有磷脂和小的钙盐结晶。通常认为，基质小泡是类骨质钙化的重要结构。医学研究认为，成骨细胞能向基质中分泌骨钙蛋白。

3. 骨细胞

骨细胞为扁椭圆形多突起的细胞，细胞核扁圆且染色深。胞质呈弱嗜碱性。电镜下，胞质内有少量溶酶体、线粒体和粗面内质网，高尔基复合体也不发达。骨细胞夹在相邻两层骨板间或分散排列于骨板内。相邻骨细胞的突起之间有缝隙连接。在骨基质中，骨细胞胞体所占据的椭圆形小腔，称为骨陷窝，其突起所在的空间称为骨小管。相邻的骨陷窝借骨小管彼此通连。骨陷窝和骨小管内均含有组织液，骨细胞从中获得养分。

4. 破骨细胞

破骨细胞是一种多核的大细胞，直径可达 100μm，可有 2~50 个核，胞质嗜酸性强。其数量远比成骨细胞少，多位于骨组织被吸收部位所形成的陷窝内。电镜下，破骨细胞靠近骨组织一面有许多高而密集的微绒毛，形成皱褶缘，其基部的胞质内含有大量的溶酶体和吞饮小泡，泡内含有小的钙盐结晶及溶解的有机成分。皱褶缘周围有一环形的胞质区，其中只含微丝，其他细胞器很少，称为亮区。亮区的细胞膜平整，紧贴骨组织表面，恰似一道围墙围在皱褶缘周围，使其封闭的皱褶缘处形成一个微环境。破骨细胞可向其中释放多种蛋白酶、碳酸酐酶和乳酸等，溶解骨组织。医学研究认为，破骨细胞是由多个单核细胞融合而成。

6.2.2 骨基质的化学组成

1. 有机成分

有机成分包括胶原纤维和无定形基质，约占骨干重的 35%，是由成骨细胞分泌形成的。有机成分的 95% 是胶原纤维（骨胶纤维），主要由 I 型胶原蛋白构成，还有少量 V 型胶原蛋白。无定形基质的含量只占 5%，呈凝胶状，化学成分为糖胺多糖和蛋白质的复合物。糖胺多糖包括硫酸软骨素、硫酸角质素和透明质酸等。而蛋白质成分中有些具有特殊作用，如骨粘连蛋白可将骨的无机成分与骨胶原蛋白结合起来；而骨钙蛋白是与钙结合的蛋白质，其作用与骨的钙化及钙的运输有关。有机成分使骨具有韧性。

2. 无机成分

无机成分主要为钙盐，又称骨盐，约占骨干重的 65%。无机成分主要是羟基磷灰石黏晶，电镜下结晶体为细针状，长约 10~20nm，它们紧密而有规律地沿着胶原纤维的长轴排列。骨盐一旦与有机成分结合后，骨基质则十分坚硬，以适应其支持功能。

成熟骨组织的骨基质均以骨板的形式存在，即胶原纤维平行排列成层并借无定形基质黏合在一起，其上有骨盐沉积，形成薄板状结构，称为骨板。同一层骨板内的胶原纤维平行排列，相邻两层骨板内的纤维方向互相垂直，如同多层木质胶合板一样，这种结构形式，能承受多方压力，增强了骨的支持力。

由骨板逐层排列而成的骨组织称为板层骨。成人的骨组织几乎都是板层骨，按照骨板的排列形式和空间结构不同而分为骨松质和骨密质。骨松质构成扁骨的板障和长骨骨骺的大部分；骨密质构成扁骨的皮质、长骨骨干的大部分和骨髓的表层。

骨组织由大量的细胞间质和分布于其中的细胞构成。与其他的结缔组织不同，细胞间质中除了有机成分外，还含有大量无机盐，成年骨中有机质占 1/3，无机物占 2/3。有机成分包括大量的胶原纤维（95%）和少量无定形基质。无定形基质为成骨细胞分泌的凝胶状物质，主要为蛋白多糖，另外还有骨钙蛋白、骨磷蛋白以及骨粘连蛋白等糖蛋白，有黏着胶原纤维的作用。无机成分又称骨盐，包括磷酸钙、碳酸钙、柠檬酸钙等。它们形成细针状的羟磷灰石结晶，长 10~20nm，沿骨胶原纤维的长轴排列，并与之紧密结合。胶原纤维束高度有序地成层排列，无定形基质将它们黏合在一起，加上骨盐沉积，形成薄板状结构，犹如多层木质胶合板，被称为骨板。同一层骨板内的纤维大多是平行的，相邻的两层骨板纤维则相互垂直，这种形式有效地增强了骨的支持力。骨的硬度取决于其内的无机盐结晶，胶原纤维和其他有机大分子可增强骨的韧性，抵抗外力损伤，但胶原纤维的抗压性和弹性较差。当二者结合在一起，却具有很大的结构强度，从而使骨组织获得坚强的力学性能。

6.3 骨的组织结构及特点

6.3.1 骨的组织结构

骨由骨膜、骨质和骨髓构成，此外还有丰富的血管和神经分布，如图 6-3 所示。

1. 骨膜

骨膜分骨外膜和骨内膜。骨外膜包绕在骨的外表面，但不覆盖关节软骨。骨外膜分两层，外层为纤维层，由致密结缔组织构成，含血管、淋巴管和神经，有营养和保护作用；内层为细胞层，含有血管和骨原细胞等。

骨内膜为附于骨髓腔内面的一层膜，主要衬附于骨髓腔面及骨小梁表面，含有骨原细胞和破骨细胞等。骨折后，骨内膜不易愈合。骨内膜对骨的营养、生长和损伤后的修复有重要作用。

骨皮质内层和两端是许多不规则的片状或线状骨质结构，称为骨小梁。骨小梁在干骺端丰富，虽与骨干在皮质内层是相互连续的，但在骨干相对要少。骨小梁顺应最大应力和张力排列，相互连接呈疏松的海绵状，称骨松质。

2. 骨质

骨质是骨的主要成分，由骨组织构成。骨组织根据基质与细胞的组成被分为骨密质和骨松质，或称为密质骨和松质骨，如图 6-4 所示。骨密质分布于各种骨的表面和长骨的骨干，其中在骨干处较厚，由紧密排列成层的骨板构成，按其排列方式，骨板分为外环骨板、内环骨板、骨单位和间骨板。骨密质由骨板有规律地排列而成，其间少有空隙，骨密质主要起保护作用和支持作用，有助于长骨负重。骨松质主要分布于长骨两端和短骨、扁骨、不规则骨的内部，与骨密质不同，骨松质并无真正的骨单位，由大量相互交错排列的针状或片状骨小梁构成，成海绵状，具有降低骨质量和减缓冲击的作用。

3. 骨髓

骨髓位于长骨的骨髓腔和骨松质的间隙内，由造血细胞和网状结缔组织构成，分为红骨

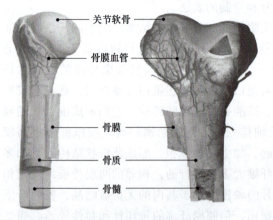

图 6-3 骨的组织结构

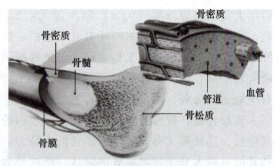

图 6-4 骨松质和骨密质

髓和黄骨髓两种,如图 6-5 所示。幼畜的骨髓均为红骨髓,其内含大量不同发育阶段的红细胞及其他幼稚型的血细胞,故呈红色,具有造血功能;在青春期,骨髓腔内既有红骨髓又有黄骨髓;成年后骨髓腔中的红骨髓逐渐发生脂肪沉积,呈黄色,转为黄骨髓,失去造血能力。大量失血后,黄骨髓可以逆转为红骨髓,再次执行造血功能。骨松质中的红骨髓一直具有造血功能。

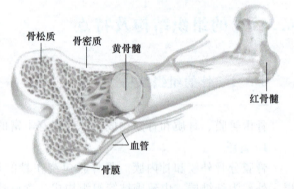

图 6-5 骨髓切面图

4. 血管和神经

骨有丰富的血管和神经,主要分布在骨膜内。骨表面有肉眼明显可见的小孔,分布于骨质的血管由此出入。分布于骨的神经主要是血管的运动神经和骨膜的感觉神经。

6.3.2 骨的组织结构特点

1. 骨组织的基本单位是骨小体

骨单位(图 6-6)是长骨干的主要结构,也被称为哈弗斯系统(Haversian System)。它位于内外环骨板之间,数量众多,呈长筒状结构。每个骨单位由 10 到 20 层同心圆排列的骨板组成,中央有一条纵行的小管,称为中央管。骨单位是骨密质的基本结构单位,其方向与骨干长轴一致。

骨单元是由围绕着哈弗氏管的含骨细胞的同心圆形板层组成的结构。骨单元的中心是一根动脉或静脉,这些血管由称为 Volkmann 管连接。在长骨中,骨单元平行列,通过 Volkmann 相连。

骨小体是骨组织的基本功能单位,由中央的骨小管和周围的骨小板组成。骨小管内有血管和神经,负责骨细胞的营养供应和感觉传导。骨小板呈层状排列,具有抗压功能,并通过骨小管与周围的骨小板相连,形成了一个整体结构。

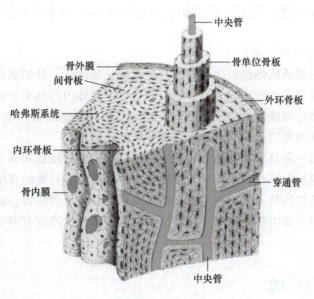

图 6-6　骨单位

间骨板位于骨单位之间，由若干层平行排列的形状不规则的骨板构成。它们是在骨生长及重建过程中，原有的骨单位未被完全吸收所剩的残余结构。

环绕骨干内、外表面排列的骨板，分别称为内环骨板和外环骨板。外环骨板较厚，由数层到数十层骨板组成，较整齐地环绕骨干排列，其表面有骨外膜覆盖。内环骨板位于骨髓腔表面，较薄，不及外环骨板整齐。所有骨板均结合紧密，仅在一些部位留下血管和神经的通行管道。

2. 骨组织的基质具有高度的有序性

骨组织的基质主要由胶原纤维和无机盐矿物质组成。胶原纤维主要是一种强度较高的蛋白质，能够提供骨组织的韧度和弹性。无机盐矿物质主要是钙、磷等元素的化合物，能够提供骨组织的硬度和刚性。这些成分在基质中以有序的方式排列，形成了骨组织的特殊结构，使其具有高度的稳定性和承载能力，如图 6-7 所示，其中，HA 为羟基磷灰石，是骨的主要无机成分。C-axis（也称为 S-M-C 轴）是定义颌骨（特别是上颌骨）生长方向的一个重要参数。具体来说，C-axis 通过赛拉点（Sella Point）和 M 点之间的关系来描述颌骨的生长增量，并且这些增量可以通过回归公式来量化，女性和男性的相关系数分别为 0.618 和 0.669。

3. 骨组织具有较高的再生能力

骨组织具有较强的自愈能力，当骨组织受到损伤时，身体会通过一系列的生理反应来修复损伤部位。首先，骨组织会通

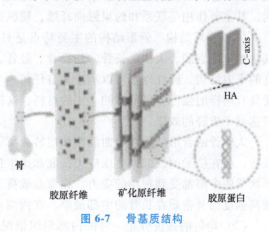

图 6-7　骨基质结构

过增生和分化来产生新的骨细胞，进而填充损伤部位。其次，骨组织会通过重建骨小体的结构，使其恢复正常的功能。最后，骨组织会通过骨吸收和骨生成的平衡来保持整体的稳定性。

4. 骨组织具有较高的代谢活性

骨组织是人体内最活跃的组织之一，具有较高的代谢活性。骨细胞会不断地进行新陈代谢，吸收和释放各种营养物质。同时，骨组织还会参与到体内的钙平衡调节中，通过骨吸收和骨生成的平衡来维持血液中钙离子的稳定。此外，骨组织还能够产生一些生物活性物质，如骨形成调节因子和细胞因子等，进一步调节骨代谢和修复。

骨组织是人体内一种具有特殊结构和功能的组织，它通过细胞和基质的相互作用来完成各种生理功能。骨组织的结构特点主要表现在骨小体的排列、基质的有序性、再生能力和代谢活性等方面。这些结构特点使骨组织具有高度的稳定性和承载能力，能够适应人体各种生理和力学需求。同时，骨组织还能够参与到钙平衡调节和骨代谢调节中，保持整体的稳定和健康。

6.4　骨材料的性能

6.4.1　力学特性

骨作为一种典型的天然矿化材料，由胶原分子和纳米羟基磷灰石从纳米尺度到宏观尺度的多级组装而成，其复杂的有序层级结构赋予了天然骨材料优异的强度和韧性。以分层方式相结合的柔性胶原蛋白和矿物刚性磷灰石所提供的力学性能优于任何一种单一材料。骨材料的力学特性包括各向异性、骨组织的弹性好，以及坚固性、抗压力强，抗张力差等。

1. 生物力学特性

（1）各向异性和应力强度的方向性　骨的结构呈现出中间多孔介质的夹层特点，这种结构使得骨材料表现出各向异性的特性。由于骨的各向异性，即骨对应力的反应在不同方向上不相同（应力强度的方向性）。例如，不同部位的密度和强度不同；横向与纵向的压缩模量不同。针状的无机盐晶体和骨胶原纤维主要是沿纵向排列，其中较少的一部分沿周向排列，其主要作用是联系和约束纵向纤维，使纵向纤维在压缩和弯曲载荷的作用下不会失稳。

（2）管形结构　管形结构的主要特点是只在力的承受及传递的路径上使用材料，而在其他地方是空洞。人体的长骨，如股骨、胫骨、肱骨等以其合理的截面和外形而成为一个优良的承力结构。圆柱外形可以承受来自任何一个方向的力的作用；空心梁和相同结构的实心梁具有同样的强度，可节省约1/4的材料，这样就可以用最少的材料而获得最大的强度，同时达到了质轻的效果。

人体骨的管形结构在弯曲载荷和扭转载荷下充分体现了其结构的最优化。横梁受到弯曲载荷，会在横梁的顶部产生压应力，底部产生拉应力，越往中部应力越小。一般来说，任何形状梁的中部都受到很小的应力。在弯曲载荷下，弯曲变形最大的部分往往在骨的中部。而较高强度的骨密质在长骨的中部最厚，在两端较薄，正好适应受力的需要。

（3）均匀的强度分布　骨的内部组织情况也显示骨是一个合理的承力结构。根据对骨骼综合受力情况的分析，凡是骨骼中应力大的区域，也正好配上了其强度高的区域，如下肢骨骨小梁的排列与应力分布十分相近。可见骨能以较大密度和较高强度的材料配置在高应力区，说明虽然骨的外形很不规则，内部材料分布又很不均匀，但却是一个理想的等强度最优结构。

骨小梁在长骨的两端分布比较密集，其优点一是当长骨承受压力时，骨小梁能够在提供足够强度的同时，使用比骨密质较少的材料；二是由于骨小梁相当柔软，当牵涉大作用力时（如在步行、跑步及跳跃情况下），骨小梁能够吸收较多的能量。

2. 弹性和坚固性

骨组织主要由水、无机物和有机物组成。其中，水分约占25%~30%，无机物（主要是磷酸钙和碳酸钙）约占60%~70%，有机物（主要是骨胶原）约占20%~40%，这些成分的独特比例使得骨组织具有弹性和坚固性。

骨的有机成分形成了网状结构，使得骨具有弹性。这意味着在承受压力或张力时，骨组织可以发生一定的形变，但不会破裂。而无机物填充在有机物的网状结构中，使得骨具有坚固性。无机物的主要作用是增加骨的硬度，使其能够承受各种形式的应力。

3. 抗压力强，抗张力差

骨对纵向压缩的抵抗最强，这意味着在纵向压力下，骨不容易损坏。相对而言，骨在张力情况下的表现较差，容易受到损坏。这与骨小梁的排列顺序有关。骨小梁是骨组织中的一种结构，它们按照一定的方向排列，形成了类似于梁的结构，这种排列方式使得骨在纵向方向上具有更强的抵抗力。

6.4.2 内分泌功能

近些年，骨骼的内分泌功能逐渐被挖掘出来，拓展了人们对骨骼的认识。随着认识的深入，人们发现骨骼不再仅仅是被动接受神经和体液调节的器官，而是一个参与机体全身调节的内分泌器官。骨骼能合成和分泌多种生物活性物质，包括骨调节蛋白、活性多肽、生长因子、脂肪因子、炎性因子、激素和外泌体等。

1. 骨骼分泌的骨调节蛋白

骨骼分泌的骨调节蛋白广泛参与成骨过程，调节骨骼的生长和发育，在机体的病理生理过程中发挥着重要作用。骨调节蛋白均可调节成骨细胞的增殖和分化，从而影响骨表型改变。此外，骨调节蛋白参与机体的糖代谢和脂代谢等。骨骼与其他器官和组织存在着复杂的网络调控机制，骨骼分泌的骨调节蛋白广泛参与了机体的活动，维持着机体的内环境稳态。

2. 骨骼分泌的生长因子

（1）成纤维细胞生长因子　成纤维细胞生长因子是由成骨细胞和骨细胞分泌的一种参与钙磷代谢调节的细胞因子。其结构特殊，很容易释放并进入血液，发挥类似内分泌激素的作用。在肾脏，成纤维细胞生长因子的主要生物功能是通过降低域型钠磷协同转运蛋白的表达，抑制磷吸收，降低血磷。

（2）胰岛素样生长因子　胰岛素样生长因子是一类促进细胞生长、具有胰岛素样代谢效应的因子，主要由肝脏和其他组织产生，调节细胞的增殖、分化和蛋白质合成。普遍认为胰岛素样生长因子是一种强有力的骨纵向生长刺激因子，在骨骼生长中起着极其重要的作用。

3. 骨骼分泌的脂肪因子

（1）瘦素　瘦素是肥胖基因的产物，主要由白色脂肪细胞分泌。瘦素在骨折的愈合中发挥了重要作用，瘦素缺乏可消除创伤性脑损伤对骨愈合的积极作用。

（2）脂联素　脂联素是主要由白色脂肪组织分泌产生的一种脂肪因子，它可通过寡聚化形成不同的寡聚体，经血液循环作用于脂联素受体发挥生物作用。

瘦素和脂联素也可由成骨细胞产生。脂肪细胞和成骨细胞分化的不平衡可导致骨髓脂肪化和骨量的丢失，继而引发严重的骨质疏松症。特别是机体患糖尿病或肥胖时，糖代谢和脂肪代谢均处于紊乱状态，可影响成骨细胞和破骨细胞的动态平衡，最终导致骨代谢紊乱。

骨骼分泌的活性物质除了可作用于自身，调节骨骼的生长和发育，还可以作用于其他组织和器官，发挥多种功能，如能量代谢、炎症反应、生育能力调节、肿瘤的侵袭和转移、造血微环境、饮食摄入等。

6.4.3　造血功能

骨髓存在于骨松质腔隙和长骨骨髓腔内，由多种类型的细胞和网状结缔组织构成，根据其结构不同分为红骨髓和黄骨髓。骨髓具有造血干细胞，能够发挥造血能力，尤其是红骨髓，可以不断制造红细胞等重要的血细胞，补充血液中的新陈代谢，能够促进人体不断地生长，并保护人体重要器官功能。

红骨髓是人体的造血组织，分布于骨髓腔内，哈佛氏管内也含有少量红骨髓，它主要是由血窦和造血组织构成。血窦是进入红骨髓的动脉毛细血管分支后形成的窦状腔隙，形状不规则，管径大小不一。窦壁衬着内皮细胞，外面有基膜和周细胞附着。造血组织位于血窦之间，它的基质是网状纤维和网状细胞，它们构成网架，网孔中充满各种游离细胞，如不同发育阶段的各类血细胞和间充质细胞等。

人初生时期，骨内充满的全部是红骨髓，具有活跃的造血功能。成年后，红骨髓主要存在于一些扁骨、不规则骨和长骨的骨骺内，以椎骨、胸骨和髂骨处最为丰富，造血功能也最为活跃。除造血功能之外，红骨髓还有防御、免疫和创伤修复等多种功能。其创伤修复功能主要缘于其中的幼稚间充质细胞，它们保留着向成纤维细胞、成骨细胞分化的潜能。利用红骨髓培养的骨髓基质细胞植入骨折及骨缺损处，可促进骨组织形成，有利于骨折的愈合和缺损的修复。

黄骨髓主要由脂肪组织构成，即骨髓的基质细胞大量变为脂肪细胞，仅有少量幼稚细胞团，其造血功能微弱。成年人的黄骨髓能产生红细胞、粒细胞、血小板以及部分淋巴细胞。在成年人高度贫血和失血时黄骨髓能转变为红骨髓。

6.5　基于骨材料的仿生设计

自体骨具有骨传导、骨诱导、血管重建的能力，是修复骨缺损的首选材料。但是，获取自体骨需要二次或多次手术，存在游离皮瓣丢失、感染、深静脉血栓形成和神经损伤等风险。基于天然骨骼的成分和结构等优化设计的仿生骨材料，能够模拟自然骨骼的生理和力学特性，可以显著提高骨缺损的修复效果。

常规骨修复治疗手段包含内源骨修复与外源骨修复。内源骨修复虽可排除异体反应，但缺陷同样明显。因自体骨量有限，只能移植限定部位和限定体积，且提取与植入过程增加了患者多处手术的风险和痛苦感受。外源骨修复使用体外材料，多为合成有机高分子、合金金属，非人源材料的修复效果较差，容易诱发二次感染。

仿生骨修复材料在骨缺损愈合、引导骨融合、骨骼功能恢复、材料体内降解、减少和避免取自体骨造成患者二次伤害、预防同种异体骨移植的疾病传播风险等方面具有优势，正逐渐成为自体骨、同种异体骨的替代品。

6.5.1 仿骨材料的基材种类

仿生骨材料在骨修复中起着至关重要的作用，要求材料具有易于加工、生物相容性高、可生物降解等特性。目前，制备仿生骨材料的基材大致可分为无机材料、有机材料和复合材料。

1. 无机材料

使用较多的无机材料有金属（合金）、生物陶瓷、生物玻璃、羟基磷灰石等。这些作为植入物能满足人工仿生骨的一般要求，优点是生物相容性好，缺点是力学性能较差，硬而脆，易断裂。

（1）金属　金属材料是最早应用于生物医学修复的，而且广泛应用于临床。目前临床主要应用的医用金属材料有不锈钢、钴基合金、钛合金等几大类，此外还有贵金属，以及纯金属钽、铌、锆等。金属仿生骨材料具有良好的可加工性、高强度和高韧性。然而，当金属植入体内后，与相同或更高硬度物质之间的微动摩擦导致了金属的磨损，磨损碎屑的聚集与假体的无菌松动和植入失败有关。合金可以提高金属的力学、化学和物理性能，在矫形外科使用的大多数金属都是合金，如钛合金。纯钛及其合金的生物相容性有以下两种途径：一种是通过不同工艺在纯钛及其合金表面涂覆上羟基磷灰石及生物玻璃制成的涂层；另一种是在纯钛及其合金中混入生物活性材料这种活性相，形成一种微观复合材料。

（2）生物陶瓷　根据植入物与受体骨组织界面所发生组织反应的类型，可以将生物陶瓷分为以下四类。

1）近乎惰性的晶体生物陶瓷，无生物活性，植入后与骨组织之间形成纤维膜，易松动脱落。临床上得到广泛应用的是氧化铝，可用作人工髋关节假体部件。

2）多孔陶瓷，包括多孔多晶氧化铝和羟基磷灰石涂层的金属，其特点为呈生物惰性，但在骨组织长入其缝隙时却形成高度迂曲的曲面，从而提供了机械稳定性。

3）表面活性陶瓷，如生物活性玻璃、玻璃陶瓷和羟基磷灰石，其化学组成与人体骨组织相近，可借助化学键直接与骨结合，即具有生物活性。

4）可吸收的陶瓷，在宿主体内逐渐吸收而被形成的新骨替代，以磷酸三钙为其代表。磷酸三钙植入后在体内缓慢降解吸收，多为复合各种生物活性因子的载体使用，可发挥骨传导与骨诱导的双重作用。

人工合成羟基磷灰石生物陶瓷材料，由于与天然骨成分相近且具有良好的生物相容性、生物可降解、骨传导性及无毒性，已作为天然骨的替代物广泛应用于医疗领域。然而单一模仿骨无机成分合成的羟基磷灰石生物陶瓷植入物，难以在短期内形成新骨，而只能作为脉管、成骨细胞和结缔组织的结构性支架，而且由于其脆性和较低的强度限制了其临床应用，需要进一步研究以克服这些弱点。

β-磷酸三钙生物陶瓷材料具有较好的生物相容性，易被生物体降解吸收和对生物体无毒性，成为骨修复材料领域常用的钙磷陶瓷材料。但这种可降解吸收陶瓷材料在实际临床应用中还存在诸多问题，对材料植入体内后的稳定性有较大的影响。这些问题主要表现在β-磷酸三钙陶瓷的力学性能包括抗压强度、硬度、弹性模量等，难以达到生物骨组织对植入体的需求。控制孔隙率和力学性能、降解速率之间的关系，同样需要得到重视。

（3）生物玻璃　生物玻璃是指能实现特定的生物、生理功能的玻璃，主要由硅、钠、钙及磷的氧化物组成。将生物玻璃植入人体骨缺损部位，它能与骨组织直接结合，起到修复骨组织、恢复其功能的作用。由于生物玻璃具有生物活性等特点，在组织工程支架材料、骨科、牙科、中耳、癌症治疗和药物载体等方面的应用前景可观。

生物玻璃自1985年开始应用于临床修复骨、关节软骨、皮肤和血管损伤。人工中耳骨是生物玻璃材料最早的产品，它既可与软组织（耳膜）连接，又可与骨连接，临床结果显示好于其他生物陶瓷和金属材料。第二代生物玻璃材料可用于填补牙根空位，避免牙床萎缩。第三代生物玻璃材料，主要用于牙周疾病所致骨缺损重建和拔牙后的局部填充。含50%磷酸的生物玻璃可用于治疗牙本质过敏和早期釉质龋齿，原因是生物活性玻璃微粒由于与其植入髓室穿孔处与血液及牙槽骨骨组织接触时，可在瞬间与组织间发生复杂的离子交换，在生物玻璃表面形成富硅凝胶层，并聚集形成碳酸羟磷灰石层，通过钙磷层的快速形成并沉积在穿孔区牙周组织内，最终钙化，形成牙骨质和牙周新附着。

生物玻璃在牙科疾病预防和治疗中取得良好临床效果后，随即也应用于骨科，其产品有固骼生。生物玻璃力学强度较差，主要用于非承重部位骨缺损修复。由于生物玻璃表面在人体的生理环境中可发生一系列的化学反应，并可直接参与人体骨组织的代谢和修复过程，最终可以在材料表面形成与人体相同的无机矿物成分——碳酸羟基磷灰石，并诱导骨组织的生长，所以可用于人体骨缺损的填充和修复。

（4）羟基磷灰石　羟基磷灰石是人体骨组织的主要无机质成分，其钙/磷比为1.67，与自然骨组织相似，可与人体骨组织通过羟基键合，且有一定的降解性，可释放钙、磷离子，从而刺激或诱导骨组织生成，促进骨缺损局部修复，具有良好的生物相容性，但其脆性高、降解速度慢、骨诱导性、成血管活性等较弱，这些缺点限制了其在临床上的单独使用。

2. 有机材料

这种材料是从动物结缔组织或皮肤中提取的，是经过特殊化学处理的蛋白质物质。由于其中含有某些成骨因子，因而具有较好的诱导成骨能力。此类材料包括胶原、骨形态发生蛋白，以及各种成骨因子等。

（1）胶原　胶原是哺乳动物体内含量最多的一类蛋白质，占蛋白质总量的25%～30%，广泛存在于从低等脊椎动物的体表面到哺乳动物机体的一切组织中。胶原单体是长圆柱状蛋白质，长度约为280nm，直径为1.4～1.5nm。它由3条多肽链彼此以超螺旋的形式缠绕而成。胶原由结构上略有不同的一组蛋白质构成，已发现有27种不同类型的胶原，按发现顺序分为Ⅰ型胶原、Ⅱ型胶原、Ⅲ型胶原等，最常见的类型为Ⅰ型胶原。

（2）聚酯　聚酯为人工合成的有机高分子材料，其中研究较多且结果较理想的材料主要有聚乳酸、聚乙醇酸、聚乳酸-乙醇酸共聚物。人工合成的聚合物可以准确地控制其分子量、降解时间以及其他性能，但人工合成材料没有天然材料所包含的许多生物信息（如某些特定的氨基酸序列），使其不能与细胞发挥理想的相互作用。目前已有研究将天然材料的某些重要氨基酸序列接在合成聚合物的表面，以克服两种材料的缺陷。

（3）骨生长因子　骨生长因子是由骨细胞产生，分泌到骨基质中的一些多肽，它们在骨组织的修复和形成过程中起着重要的调控作用。随着基因工程技术的发展，许多骨生长因子已能通过人工基因重组产生。

（4）聚合物　聚合物包括天然聚合物和人工合成聚合物，在结构上与细胞外基质类似，具有良好的生物相容性、可调控的降解性、细胞因子和药物缓释性、骨传导性，常与其他材料复合制备新材料用于细胞因子和药物的缓释、骨组织缺损的修复等。天然聚合物主要有胶原、壳聚糖、海藻酸盐、丝素蛋白、纤维素、透明质酸、聚羟基丁酸酯等，合成聚合物主要是聚乳酸、聚乳酸-羟基乙酸共聚物、聚己内酯、聚氨基酸、聚乙烯醇等。

羟基磷灰石/聚合物复合材料较纯羟基磷灰石的力学性能、骨诱导性得到了提高，羟基磷灰石与聚合物复合可制成多孔支架、水凝胶、涂层等用于骨修复。羟基磷灰石/聚合物复合材料因其仿生细胞外基质结构和功能，可缓释负载的药物和细胞因子，加速骨重建。基于骨缺损原因的多样性以及骨修复为多种生物因子和蛋白共同参与的复杂连续过程，力学性能与骨组织匹配、降解过程与骨修复同步、高效成骨成血管的修复材料有待进一步研究。

3. 复合材料

由于无机材料不易被吸收，尤其是经高温灼烧的无机材料，植入后与周围组织的界面长期存在；而有机材料虽然诱导成骨性能较好，但植入早期缺乏足够的力学强度，且提取量较少。因而人工骨的研究有向复合材料发展的趋势，即使材料含有有机和无机两种成分，使之兼具二者的优点。

（1）磷酸钙复合仿生骨材料　磷酸钙、羟基磷灰石、胶原、骨生长因子等，复合制备仿生骨材料。在成骨过程中，胶原对间质细胞具有趋化作用和促分化作用，羟基磷灰石起"核心作用"，并参与基质钙化，促进新骨形成。

（2）聚合物复合仿生骨材料　生物降解聚合物是近年生物材料研究领域中的一个热点，通过技术加工可合成各种结构形态，并具有一定的生物降解特性的各种聚合物。但它们无骨诱导活性，需与其他骨诱导因子复合应用才能取得良好效果。

（3）红骨髓复合仿生骨材料　骨髓由造血系统和基质系统两部分组成。人和动物健康红骨髓的基质细胞中含有定向性骨祖细胞和可诱导性骨原细胞，定向性骨祖细胞具有定向分化为骨组织的能力，可诱导性骨祖细胞在诱导因子作用下才能分化成骨。

（4）其他种类的复合仿生骨材料　主要包括两种以上材料组成的仿生骨材料，如陶瓷、胶原与生长因子或有关细胞的复合仿生骨材料。

6.5.2　基于骨结构的仿生设计

仿骨材料的研究大多集中在组成仿生上，所制备的材料大多结构无序，不能和具有复杂多尺度结构的自然骨相匹配，不能满足结构相容性。具有层状结构的仿骨材料，初步实现了结构有序化，并对其特征做了研究，如层厚、层数、层间隙、孔径或通道的尺寸和取向、力学性能和形状（柱状、管状、星状、球状等）等。层状结构和间隙可以用来存储细胞或药物，因此在组织工程、药物传输及催化分离等方面有非常好的应用前景。

制备层状仿骨材料的方法主要有定向冷冻法、层层自组装、生物打印技术等方法。

1. 定向冷冻法

定向冷冻法的实验设备非常简单，其实验装置由一个绝热模具带一个导热端和一个绝热端组成。将溶液或胶体分散系倒入模具中，将底部的导热端放入低温环境，顶端的绝热端处于室温或温度相对高的环境，沿模具的轴向方向就会产生一个温度梯度。冷冻过程中，体系中的溶剂在温度梯度驱动下产生定向结晶，同时聚合物形成凝胶。冷冻干燥过程逐渐去除溶剂而只留下聚合物，形状被固定，因此得到结构规整的仿骨材料。溶剂既可以是水，也可以是有机溶剂或者是二氧化碳。如用液氮冷冻聚乙烯醇水溶液体系，可以获得结构规整的仿骨层状水凝胶材料，如图6-8所示。

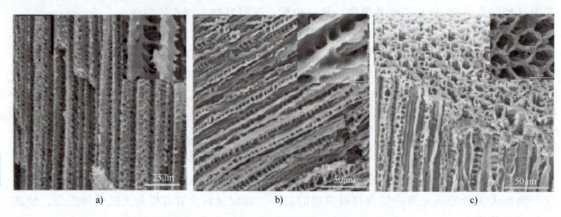

图6-8 液氮冷冻聚乙烯醇基仿骨水凝胶扫描电镜图片

2. 层层自组装

层层自组装是一种简易、多功能的表面修饰方法。层层自组装最初用于带电基板在相反电荷中的交替沉积制备聚电解质自组装多层膜。经过十多年的发展，层层自组装适用的原料已由最初的经典聚电解质扩展到聚合物刷、无机带电纳米粒子、胶体等，适用介质已经由水扩展到有机溶剂以及离子液体。层层自组装的驱动力已由静电力扩展到氢键、卤原子、配位键，甚至化学键。

将纳米尺度的分子自组装、微纳尺度的静电纺丝和宏观尺度下的压力融合技术相结合，逐级调控胶原分子和纳米羟基磷灰石晶体的组装过程，可在常温下获得化学成分、分级组装结构、力学性能均高度仿生的厘米尺度大块人造板层骨，如图6-9所示。这种层状结构仿骨材料具有与天然板层骨高度一致的成分和分级结构，仅由胶原和羟基磷灰石组成，不含任何人工合成聚合物。体外仿生矿化制备的矿化胶原微纤维实现了纳米羟基磷灰石在胶原模板上的有序组装和取向排列；在静电纺丝作用下获得了直径纳米级的矿化胶原纤维及其取向排列的纤维层；最终通过压力驱动融合过程

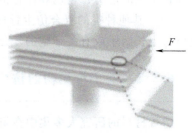

图6-9 胶原和羟基磷灰石基层状仿骨材料

形成了具有旋转胶合板结构的层状结构仿骨材料。层状结构仿骨材料复制了多尺度矿化胶原的组装结构,从而克服了强度和韧性的冲突,实现了超轻和高刚度、强度和韧性的完美结合。

3. 生物打印技术

生物打印技术是利用 3D 打印的原理,通过计算机控制打印喷头逐层"打印"由生物材料或细胞组成的"生物墨水",进而制造出活的生物组织材料的技术。自然骨不仅形态非常不规则,而且其内部结构也比较复杂,不同部位的密度不同,因此要使人造骨在结构上模仿自然骨是极具挑战性的。生物打印技术是一种将生物、非生物材料按照预定方案制作成三维模型的技术,该技术通过打印复杂、精准的骨骼结构,制作出与自然骨骼相似,能够承受人体重量和力量的仿生骨材料。

颅骨属于扁骨,具有扁平、弯曲的外部轮廓,其主要成分是磷酸钙。扁骨内部呈"三明治"结构,内板和外板为坚硬的皮质骨,内、外板之间为板障,由松质骨组成。皮质骨孔隙率低,内部有互相连通的管状孔,分别为哈弗氏管和 Volkmann 管。松质骨由不规则的海绵状骨小梁组成,具有较高的比表面积,骨小梁的表面平均曲率接近零。松质骨的结构与 Gyroid 型的三周期极小曲面相近。通过光固化 3D 打印技术制造的仿扁骨层状结构的 β-磷酸三钙生物陶瓷支架(图 6-10),具有更高的抗压强度和吸收变形功的能力,可以更好地起到保护大脑的功能。

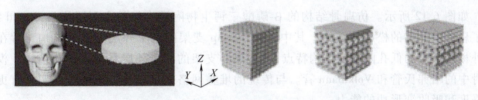

图 6-10 用于颅骨修复的 3D 打印平骨仿生生物陶瓷支架

人体天然骨组织由高孔隙率的松质骨和低孔隙率的密质骨组成,具有紧密的径向梯度结构。如何实现仿生骨材料具有天然骨组织径向梯度结构一直是骨组织工程研究领域的难点。传统挤出式 3D 打印通过调整挤出丝束直径和分布间距等参数,可以设计具有轴向梯度孔隙的仿生骨材料。受分形理论的启发,基于科赫雪花的迭代规则设计(科赫曲线见图 6-11),通过将分形单元线条进行圆周阵列得到分形层,可以克服传统挤出式 3D 打印技术难以实现径向梯度孔隙结构的困难,打印出仿天然骨组织"松质骨-皮质骨"径向连续孔隙调控的骨组织工程支架,如图 6-11 所示。

6.5.3 仿骨材料实例及应用前景

1. 仿扁骨支架修复材料

通过模拟天然骨骼的成分和结构优化设计的人工骨修复材料,可以显著提高骨缺损的修复效果。

华南理工大学施雪涛教授课题组联合广东工业大学何福坡课题组和中日友好医院闫圣涛课题组,设计并通过光固化 3D 打印技术制备了仿扁骨结构的生物陶瓷支架,用于修复颅骨

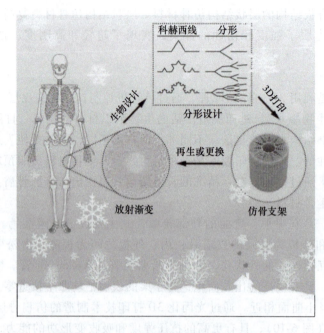

图 6-11 径向连续孔隙调控的骨组织工程支架

缺损,如图 6-12 所示。仿扁骨结构的 β-磷酸三钙生物陶瓷支架的中间层均为 Gyroid 结构,模仿了扁骨中间层的松质骨结构。其中,Gyr-Comp 支架的两个外层为致密结构,旨在模仿内、外板皮质骨的低孔隙率的结构特点;Gyr-Tub 支架的两个外层具有管状孔结构,模仿了皮质骨中的哈弗氏管和 Volkmann 管。与传统的堆叠网格支架相比,仿扁骨支架具有更高的抗压强度和吸收变形功的能力。

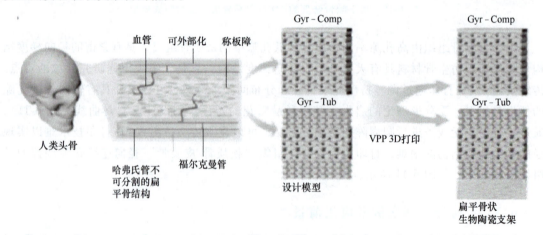

图 6-12 仿扁骨结构的生物陶瓷支架的设计和制造

2. 多级工程化人造板层骨

清华大学材料学院提出一种"多尺度级联调控"策略,在常温下获得了厘米尺度的大块人造板层骨。在化学成分、分级组装结构、力学性能上,这款人造板层骨均具有高度仿生的特征。人造板层骨复制了天然骨的主要成分,不含有任何合成聚合物。在结构上,与天然板层骨多尺度结构组装以及旋转的胶合板状结构高度相似（图 6-13），故能克服强度和韧性的冲突，从而实现轻质、高刚度、高强度和高韧性的良好结合，其密度为 1.485g/cm^3、弹性模量达 15.2GPa、弯曲强度是 118.4MPa、断裂韧度达 $9.3\text{MPa}\cdot\text{m}^{1/2}$，可以和天然骨相媲美，性能优于市场上绝大多数的人工骨修复材料。

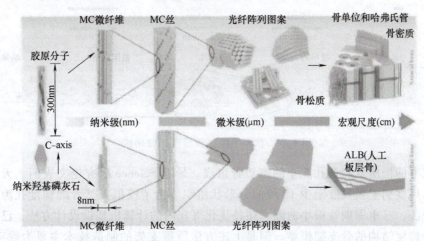

图 6-13 人造板层骨多级组装结构（MC 为甲基纤维素）

人造板层骨制备过程如下：将纳米尺度的分子自组装与微纳尺度的静电纺丝以及宏观尺度下的压力驱动融合技术相结合，通过逐级调控胶原分子和纳米羟基磷灰石晶体的组装，即可造出这种人工板层骨。

3. 仿骨结构"超级钢"

动物骨骼的轻、坚韧、抗断裂等特点，来自于其独特的构造。在纳米级别上，胶原纤维以分层的形式存在，不同层的纤维可以指向不同的方向。在更大的尺度上，骨骼具有晶格状的结构和不同类型的空隙。这种结构不仅使骨骼拥有轻而坚固的特性，还能确保骨骼拥有抵抗裂纹在任何一个方向上的扩展的能力。

日本九州大学与美国麻省理工学院研究人员通过深入研究骨骼微观构造，设计了同时具有多相、亚稳态和纳米层状结构三种特征的仿骨钢（图 6-14），其拥有极其出色的抗疲劳断裂的性能。同时具备三种关键特征（即多相、亚稳态和纳米层状结构）的仿骨钢，分别与只具备其中一种或两种特征的钢相比较，发现仿骨钢拥有极其出色的疲劳上限和寿命。研究了这种仿骨结构钢抗疲劳断裂的机理，发现相变诱导的裂纹终止与粗糙度诱导的裂纹终止这两种机理同时阻止了裂纹的扩展。由于存在纳米层状结构，形成的微裂纹如果要进一步扩展，只能在不同的层之间进行，这一过程需要更多能量，能大幅减少裂纹的增长。此外，仿骨钢的多相和亚稳态结构，使一些区域比其他区域更具有柔韧性，通过相变可以吸收那些可能帮助微裂纹扩展的能量，甚至还可以使产生的微裂纹重新闭合。

这种新型的仿骨钢比传统的钢更能抵抗金属疲劳产生的裂纹，这使得工程师可以使用这些材料来构建从桥梁到航天器的所有东西，并避免由金属疲劳所引起的灾难。而且这种策略也可以用于设计其他合金，提高它们对机械疲劳的抵抗力。

4. 仿骨结构梯度支架

临界骨缺损作为骨科面临的主要问题之一严重影响着人们的健康和生活质量。成年人体

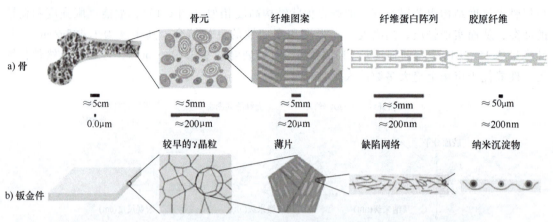

图 6-14 仿骨结构"超级钢"微结构

骨由高孔隙率的松质骨和低孔隙率的密质骨组成。最近 Science 研究论文表明,天然骨组织具有从纳米尺度到宏观尺度至少 12 级的分形状组织。为了模拟天然骨的梯度孔隙结构,包括维诺镶嵌法、三重周期性极小曲面、拓扑优化等在内的计算机辅助设计方法,已被用于设计具有复杂梯度结构的骨支架模型,但是上述方法所得支架的制造技术主要为数字光处理、选择性激光熔融、电子束熔融和立体光刻等,它们多为对生物制造相对不友好的 3D 打印技术。挤出式 3D 打印因其操作简单、可用材料范围广、易于细胞打印等优点得到了广泛应用。目前虽有一些研究通过调整挤出丝束直径和分布间距等参数来设计具有轴向梯度孔隙的支架,但对于支架沿径向梯度变化的研究较为缺失。

鉴于此,中国科学院深圳先进技术研究院医药所退行性中心阮长顺、潘浩波和哈尔滨工业大学富宏亚团队交叉协作,提出一种可用于挤出式 3D 打印的仿"松质骨-皮质骨"径向梯度的骨组织工程支架构筑策略,将分形学应用于仿生骨支架设计,克服了传统挤出式 3D 打印技术难以实现径向梯度孔隙结构的困难。

受分形理论的启发,基于科赫雪花的迭代规则设计,定义了分形支架的分形曲线的单元线条;通过将分形单元线条进行圆周阵列得到分形层,并设计圆环层使其在挤出式 3D 打印堆积成型的过程中与分形层相互支撑。为了参数化构建径向梯度骨组织工程支架,搭建了"设计-制造"的工作流,并构建了关于支架的孔隙率、渗透性能、力学性能等参数的性能分析。研究结果表明,所构建的仿生径向梯度支架,在孔隙结构、渗透性能、力学性能等方面展现出优异的梯度特征(图 6-15)。

5. 哈弗斯骨结构的仿生骨支架

中国科学院上海硅酸盐研究所团队通过基于数字光处理(Digital Light Processing,DLP)的三维打印技术,成功地制备了具有完整层次化哈弗斯骨结构的仿生骨支架,并且通过改变哈弗斯仿骨结构的参数,达到更好地控制支架的抗压强度和孔隙率的目的;并在体外诱导成骨、血管生成和神经源性分化,以及促进体内血管生长和新骨形成等方面验证了其多细胞输送能力。

首先,利用 DLP 打印技术将生物陶瓷材料制作成具有哈弗斯管、Volkmann 管和松质骨结构的哈弗斯仿骨支架(图 6-16),并成功制造了 5 种不同的哈弗氏管仿骨支架,其中哈弗氏管数量和大小存在差异,Volkmann 管是在水平方向上连通哈弗氏管的环形通道,松质骨

第6章 骨材料及其仿生设计

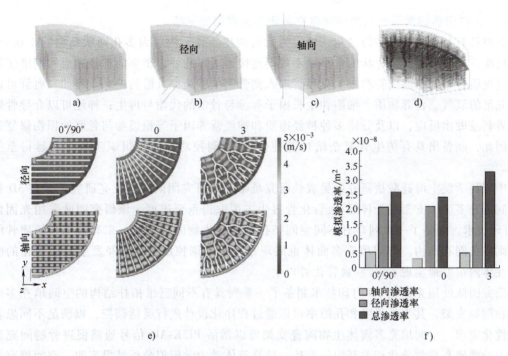

图 6-15 挤出式 3D 打印仿生支架的孔隙结构、渗透性能和力学性能

部分被设计为网状结构。通过调节其力学性能和孔隙率,使其能有效地输送成骨细胞、血管生成细胞和神经源性细胞,并在体外和体内都表现出良好的成骨和血管生成能力,从而为组织再生的结构化和功能化生物材料的设计提出了一种仿生策略。

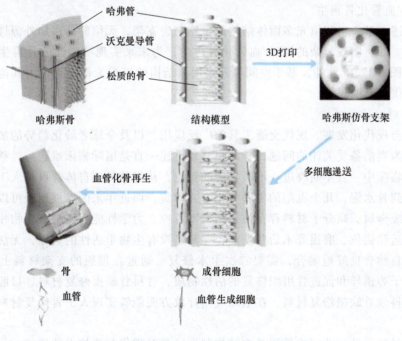

图 6-16 哈弗斯骨结构的仿生骨支架示意图

6. 3D 打印仿松质骨结构的空间填充多面体生物陶瓷支架

骨骼具有复杂精密的多级结构，外层为致密的皮质骨，内层为多孔网状结构的松质骨，其中松质骨主要由针状或片状的骨小梁不规则连接而成。此外，密集的神经和血管网络还并行穿过皮质骨中的哈弗氏管和福尔克曼管进入到骨髓腔中调控骨骼的稳态。例如，血管可以提供充足的氧气、营养物质、细胞和生长因子等参与骨骼的代谢与再生；神经可以介导骨骼对外界刺激做出反应，以及分泌多种神经递质和神经营养因子等积极参与骨骼的损伤修复过程。因此，制备出具有仿生骨复杂结构及神经/血管调控功能的骨组织工程支架显得至关重要。

中国科学院上海硅酸盐研究所吴成铁研究员带领的研究团队联合王亮研究员，在 3D 打印空间填充多面体支架用于神经/血管化骨再生方面取得重要进展。该研究团队采用光固化 3D 打印技术，制备了一系列具有不同空间拓扑结构的生物陶瓷支架，来有效模拟松质骨的不规则多孔网状结构。空间填充多面体也展现出良好的调控成骨、神经发生及血管化的能力，在体内很好地实现了神经/血管化骨再生。

研究团队使用光固化 3D 打印技术制备了一系列具有不同三维拓扑结构的空间填充多面体生物陶瓷支架，其力学强度和孔隙率可以通过程序化设计进行灵活调控，以满足不同患者的个性化需求。空间填充多面体生物陶瓷支架可以激活 PI3K-Akt 信号通路促进骨髓间充质干细胞的增殖和成骨分化相关基因的表达。计算流体动力学模拟分析结果表明，空间填充多面体支架相比于传统交叉堆叠结构支架具有相对较低的平均壁面压力，有助于细胞的驻留及黏附。此外，空间填充多面体支架还可以显著促进内皮细胞成血管相关蛋白的表达，以及神经元的轴突延伸，表现出优异的神经和血管调控能力。体内动物实验结果进一步表明，空间填充多面体支架可以更好地促进新生骨的形成，诱导血管化及神经纤维的长入，进而实现了高效的神经/血管化骨再生。

综上所述，基于空间填充多面体结构的生物陶瓷支架，无须额外添加外源性的种子细胞及生长因子，即可实现复杂的神经/血管化骨再生，为未来实现功能性的骨再生提供一种潜在的策略（图 6-17）。此外，基于空间填充多面体结构的组织工程支架也为其他复杂组织的损伤修复提供了新的思路。

7. 仿骨材料应用前景

随着社会现代化发展、现代交通工具的广泛应用，以及全球老龄化趋势的加剧，骨质流失和骨折成为当前备受关注的问题，骨缺损修复重建一直是国际临床难题。骨移植材料是骨移植科研和临床中一直不断改进、不断发展的重点，从异种骨到自体骨再到人工骨，从块状到粉末状再到骨水泥，几个世纪的发展变化令人称赞，而近年来的发展更是可以用日新月异来形容。传统金属、高分子材料存在仿生结构不可控、力学性能不匹配、生物相容性差、无发育功能、运动错位、磨损等术后并发症；尤其是没有生物学活性的假体，无法在人体内发育，不能与自然骨良好地融合，需要二次手术修复。通过在理想的支架材料上复合种子细胞、生长因子等诱导和促进骨组织修复的活性物质，骨科骨缺损修复材料、口腔科骨植入材料和神经外科颅骨缺损修复材料，在临床应用疗效方面能够实现人工骨修复材料对传统自体骨的取代。

仿生骨材料设计行业完成骨骼基本结构制造已是对现代制造技术的挑战。仿生骨材料既有密质骨的精准外轮廓，也有松质骨的精巧孔隙结构，能够从材料、结构、力学性能等多个

第6章 骨材料及其仿生设计

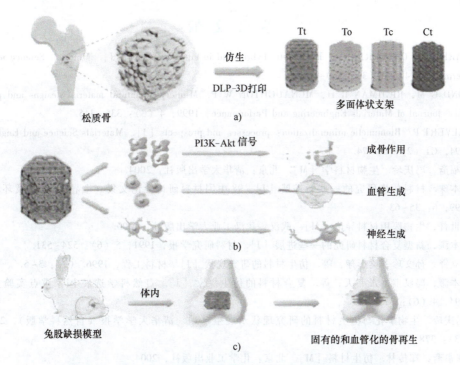

图 6-17 3D 打印仿松质骨结构的空间填充多面体生物陶瓷支架用于神经/血管化骨再生

维度对人体骨骼仿生。

仿骨材料除了应用于传统的骨折愈合、关节置换、脊柱矫正外,还广泛应用于牙植入、创伤修复等方面。随着新兴技术的不断涌现,仿骨材料的应用前景越来越广阔。未来,仿骨材料的应用将向更加多样化、精准化、绿色化的方向发展。仿骨可降解材料可以被制作成各种形状和大小的植入体,其在人体内能够分解成天然代谢产物,被身体的酶和其他化学物质消除,这将大大降低植入体引发的感染和排异风险。纳米技术制造的仿骨材料将可以实现植入体尺寸的高精度控制以适应特殊的骨科治疗需要。

思 考 题

1. 简述长骨形状特征和组织结构。
2. 简述仿骨材料的应用。

参 考 文 献

[1] MARK J E, CALVERT P D. Biomimetic hybrid and in situ composites [J]. Materials Science and Engineering, 1994, C1 (3): 159~173.

[2] BOND G M, RICHMAN R H, MCNAUGHTON W P. Mimicry of natural material designs and processes [J]. Journal of Materials Engineering and Performance, 1999, 4 (3): 335~345.

[3] CALVERT P. Biomimetic mineralization: processes and prospects [J]. Materials Science and Engineering, 1994, C1 (2): 69~74.

[4] 崔福斋, 冯庆玲. 生物材料学 [M]. 北京: 清华大学出版社, 2004.

[5] 周本殊. 材料仿生研究的一些新进展 [J]. 98 中国材料研讨会论文集（上卷）: 生物及环境材料, 1999, 6: 35~63.

[6] 李世普, 生物医用材料导论 [M]. 武汉: 武汉工业大学出版社, 2000.

[7] 周本濂, 新型复合材料研究的一些进展 [J]. 材料研究学报, 1991, 5 (6): 524~531.

[8] 王立铎, 孙文珍, 梁彤翔, 等. 仿生材料的研究现状 [J]. 材料工程, 1996. (2): 3~5.

[9] 周本濂, 冯汉宝, 张弗天, 等. 复合材料的仿生探索 [J]. 自然科学选展-国家重点实验室通讯, 1994, 4 (6): 713~725.

[10] 冯庆玲. 生物矿化与仿生材料的研究现状及展望 [J]. 清华大学学报（自然科学版）, 2005, 45 (3): 378~383.

[11] 崔福斋, 郑传林. 仿生材料 [M]. 北京: 化学工业出版社, 2004.

[12] 毛传斌, 李恒德, 崔福斋, 等. 无机材料的仿生合成 [J]. 化学进展, 1998, 10 (3): 246~254.

[13] 王玉庆, 周本濂, 师昌绪. 仿生材料学——一门新型的交叉学科 [J]. 材料导报, 1995, (4): 1~4.

[14] ZHOU B L. Some progress in the biomimetic suds of composite materials [J]. Materials Chemistry and Physics, 1996, 45: 114-119.

[15] LIU G, GHOSH R, VAZIRI A, et al. Biomimetic Composites Inspired by Venous Leaf [J]. Journal of Composite Materials, 2017, 52, 361-372.

[16] XU L, ZHAO X, XU C, et al. Biomimetic Nanocomposites: Water-Rich Biomimetic Composites With Abiotic Self-Organizing Nanofiber Network [J]. Advanced Materials, 2018, 30, 1870007.

[17] SAKHAVAND N, SHAHSAVARI R. Insights On Synergy Of Materials And Structures In Biomimetic Platelet-Matrix Composites [J]. Applied Physics Letters, 2018, 112, 051601.

[18] SCHOEPPLER V, GRÁNÁSY L, REICH E, et al. Biomineralization as a Paradigm of Directional Solidification: A Physical Model for Molluscan Shell Ultrastructural Morphogenesis [J]. Advanced Materials, 30 (45): e1803855.

[19] WITL F H. Developmental Biology Meets Materials Science: Morphogenesis of Biomineralized Structures [J]. Developmental Biology, 2005, 280 (1): 15-25.

[20] YARAGHI N, KISAILUS D. Biomimetic Structural Materials: Inspiration From Design And Assembly [J]. Annual Review of Physical Chemistry, 2018, 69, 23-57.

[21] KOLEDNIK O, PREDAN J, FISCHER FD, et al. Bioinspired design criteria for damage-resistant materials with periodically varying microstructure [J]. Advanced Functional Materials, 2011, Vol. 21 (19): 3634-3641.

[22] 杨森, 靳丽, 董杰, 等. 金属基仿生贝壳材料的制备方法 [J]. 中南大学学报（自然科学版）, 2020, 51 (11): 3199-3210.

[23] 马骁勇. 三维打印贝壳仿生结构的力学性能研究 [D]. 合肥: 中国科学技术大学, 2015.

参考文献

[24] 马晓勇，梁海弋，王联凤. 三维打印贝壳仿生结构的力学性能[J]. 科学通报，2016，61（07）：728-734.

[25] 陈建奇. 仿贝壳结构氧化铝陶瓷复合材料的制备与性能研究[D]. 济南：山东大学，2023.

[26] 王梦宁. 高性能透明仿贝壳复合材料的制备与应用[D]. 杭州：浙江大学，2023.

[27] 邹文兵. "砖-泥"式复合结构抗冲击性能模拟的FEM-SPH耦合算法研究[D]. 华东交通大学，2023.

[28] 胡志杰. 基于冷冻铸造-压力浸渗构造层-网和"砖-泥"结构金属-陶瓷复合材料[D]. 长春：吉林大学，2022.

[29] 刘璞洁. 海洋贝壳纳米材料的制备及生物活性研究[D]. 烟台：烟台大学，2021.

[30] 庞云龙，丁君，田莹，等. 不同生长时期虾夷扇贝壳质的超微结构观察及表面5种元素组成分析[J]. 海洋科学，2015，39.

[31] 赵甫，史金飞，许有熊，等. 异质异构仿生贝壳复合材料[J]. 辽宁工程技术大学学报（自然科学版），2022，41.

[32] 冯云鹏. 贝壳仿生陶瓷刀具的研制及其切削性能评价[D]. 济南：山东大学，2023.

[33] 李年华，艾青松，许冬梅，等. 仿生防护结构复合材料的研究与发展[J]. 高科技纤维与应用，2023，48.

[34] 冯云鹏，黄传真，刘含莲. 贝壳仿生陶瓷刀具材料制备与力学性能研究[J]. 工具技术，2024，58.

[35] 吴娜，张克松，王希波，等. 基于螺旋贝壳仿生的发动机增压器涡轮蜗壳设计提升涡轮性能[J]. 农业工程学报，2018，34.

[36] 齐国梁，郭章新，卫世义，等. 3D打印仿海螺壳-珍珠贝壳混合设计复合材料的动态响应[J]. 复合材料学报，2022，40.

[37] 侯祥龙. 贝壳仿生复合材料的静动态力学性能研究[D]. 太原：太原理工大学，2019.

[38] 王道畅. 仿贝壳珍珠层结构叠层Al/Al$_2$O$_3$复合材料制备及性能测试[D]. 哈尔滨：哈尔滨工业大学，2017.

[39] 何碧波. 基于贝壳珍珠层微观结构的仿生防护墙的试验研究[D]. 长沙：湖南大学，2016.

[40] 陈涛. 基于微生物矿化与自组装制备仿生结构功能材料及其性能研究[D]. 绵阳：西南科技大学，2019.

[41] 潘晓锋. 利用喷涂组装的仿生层层复合结构的设计，构建与性能研究[D]. 合肥：合肥工业大学，2017.

[42] 鲍洋清. 基于DEM的新型仿生深松铲的研制[D]. 泰安：山东农业大学，2018.

[43] 闻章鲁. 基于贝壳珍珠层特征的金属仿生设计和电弧增材制造研究[D]. 南京：南京理工大学，2017.

[44] 邵晨. 基于贝壳结构的轿车轮罩滚压包边仿生滚轮设计与研究[D]. 长春：长春工业大学，2019.

[45] 李晓萌. 仿蛤蜊软体机器人设计与运动研究[D]. 秦皇岛：燕山大学，2022.

[46] 杨海月，何得雨，赵新艳，等. 贝壳在仿生材料中的应用研究进展[J]. 广东化工，2015，42.

[47] 付宜风，白秀琴，袁成清，等. 基于仿生的船体防污减阻协同作用及其进展[J]. 舰船科学技术，2014，36.

[48] 范杰林. 贝壳表面微结构特征分析研究[D]. 大连：大连海洋大学，2015.

[49] 严幼贤. 基于纳米结构单元组装制备仿生层状复合结构材料及性能研究[D]. 合肥：中国科学技术大学，2015.

[50] 尹惟一. 基于贝壳表面仿生螺纹研究[D]. 长春：长春理工大学，2015.

[51] 张璇. 船舶仿生防污沟槽表面减阻性能数值模拟分析[D]. 武汉：武汉理工大学，2014.

[52] CHEN K, TANG X, JIA B, et al. Graphene oxide bulk material reinforced by heterophase platelets with multiscale interface crosslinking. Nature Materials, Nature Materials, 2022, 21: 1121-1129.

[53] WANG Y, CHENG Y, YIN C, et al. Seashell-Inspired Switchable Waterborne Coatings with Complete Biodegradability, Intrinsic Flame-Retardance, and High Transparency [J]. ACS Nano, 2023, 17 (13): 12433-12444.

[54] YAN J, ZHOU T, YANG X, et al. Strong and Tough MXene Bridging-induced Conductive Nacre [J]. Angewandte Chemie International Edition, 2024, e202405228.

[55] RAUT H K, SCHWARTZMAN A F, DAS R, et al. Tough and Strong: Cross-Lamella Design Imparts Multifunctionality to Biomimetic Nacre [J]. ACS nano, 2020, 14 (8): 9771-9779.

[56] LI M, ZHAO N, WANG M, et al. Conch-Shell-Inspired Tough Ceramic [J]. Advanced Functional Materials, 2022, 32 (39): 2205309.

[57] 胡巧玲, 李晓东, 沈家聪. 仿生结构材料的研究进展 [J]. 材料研究学报, 2003, 17 (4): 337-344.

[58] 易同培, 史军义. 中国竹类图志 [M]. 北京: 科学出版社, 2008.

[59] 张立德, 解思深. 纳米材料和纳米结构 [M]. 北京: 化学工业出版社, 2005.

[60] 许培俊, 韩磊, 王临江, 等. 仿竹结构多孔聚醚砜基碳纤维复合材料 [J]. 复合材料学报, 2023, 40 (04): 2049-2055.

[61] 许培俊, 王临江, 张毅, 等. 仿竹结构单丝玻璃纤维增强多孔聚醚砜基复合材料 [J]. 复合材料学报, 2021, 38 (04): 1302-1312.

[62] 曹建. 仿竹结构的新型复合材料管的制备和研究 [D]. 上海: 东华大学, 2008.

[63] 陈海鸟. 仿竹结构纤维增强复合材料制备及其性能研究 [D]. 杭州: 浙江理工大学, 2021.

[64] 冯龙, 孙存举, 毕文思, 等. 毛竹薄壁细胞组分分布及取向显微成像研究 [J]. 光谱学与光谱分析, 2020, 40 (09): 307-311.

[65] 韦鹏练, 杨淑敏, 刘嵘, 等. 基于拉曼光谱技术的竹材细胞壁化学组分分布 [J]. 林业科学, 2018, 54 (001): 99-104.

[66] 武秀明, 崔乐, 孙正军, 等. 毛竹维管束的形态及分布规律 [J]. 林业机械与木工设备, 2014, 000 (011): 21-23.

[67] QI J, XIE J, YU W, et al. Effects of characteristic inhomogeneity of bamboo culm nodes on mechanical properties of bamboo fiber reinforced composite [J]. Journal of Forestry Research, 2015, 26 (4): 1-4.

[68] 许述财, 邹猛, 魏灿刚, 等. 仿竹结构薄壁管的轴向耐撞性分析及优化 [J]. 清华大学学报 (自然科学版), 2014, 54 (03): 299-304.

[69] CHEN M, FEI B. In-situ Observation on the morphological behavior of bamboo under flexural stress with respect to its fiber-foam composite structure [J]. BioResources. 2018, 13 (3): 5472-5478.

[70] 尚莉莉, 孙正军, 江泽慧, 等. 毛竹维管束的截面形态及变异规律 [J]. 林业科学, 2012, 48 (12): 16-21.

[71] 王献轲, 方长华, 刘嵘, 等. 竹材不同尺度单元纵向拉伸性能研究进展 [J]. 竹子学报, 2020, 39 (04): 14-24.

[72] 王戈, 韩善宇, 陈复明, 等. 竹材振动阻尼性能及其在竹质复合材料中的应用 [J]. 林业科学, 2022, 58 (01): 127-137.

[73] 陈复明, 何钰源, 魏鑫, 等. 竹材多尺度下强韧性及水热影响研究进展 [J]. 林业工程学报, 2023, 8 (04): 10-18.

[74] ZOU M, XU S, WEI C, et al. A bionic method for the crashworthiness design of thin-walled structures inspired by bamboo [J]. Thin-Walled Structures, 2016, 101222-230.

[75] 于鹏山,刘志芳,李世强. 新型仿竹薄壁圆管的设计与吸能特性分析[J]. 高压物理学报, 2021, 35(05): 104-114.

[76] 李霞镇,钟永,任海青. 现代竹结构建筑在我国的发展前景[J]. 木材加工机械, 2011, 22(6): 44-47.

[77] XIAN C P, BIN J Z, ZE W, et al. Bioinspired Strategies for Excellent Mechanical Properties of Composites[J]. Journal of Bionic Engineering, 2022, 19(5): 1203-1228.

[78] 赵方,徐正东,张亚卓,等. 竹结构材料在建筑领域的应用前景[J]. 建设科技, 2012, (03): 47-49.

[79] PALOMBINI L F, KINDLEIN W, OLIVEIRA D F B, et al. Bionics and design 3D microstructural characterization and numerical analysis of bamboo based on X-ray microtomography[J]. Materials Characterization, 2016, Vol. 120: 357-368.

[80] SHUNA C, Yunfeng S, Hengzhong F, et al. Friction and wear behavior of Al_2O_3/r_{GO} fibrous monolithic ceramics with bamboo like architectures[J]. Tribology International, 2021, 155106805.

[81] LIU Z, MEYERS A M, ZHANG Z, et al. Functional gradients and heterogeneities in biological materials: Design principles, functions, and bioinspired applications[J]. Progress in Materials Science, 2017, Vol. 88(1): 467-498.

[82] ASKARINEJAD S, KOTOWSKI P, YOUSSEFIAN S, et al. Fracture and mixed-mode resistance curve behavior of bamboo[J]. Mechanics Research Communications, 2016, Vol. 78: 79-85.

[83] TAN Y, XU S, WU R, et al. A gradient Laponite-crosslinked nanocomposite hydrogel with anisotropic stress and thermo-response[J]. Applied Clay Science, 2017, Vol. 148: 77-82.

[84] JIE C, ZE H Z, QUAN C S, et al. Ultrarobust Ti$_3$C$_2$T$_x$ MXene-Based Soft Actuators via Bamboo-Inspired Mesoscale Assembly of Hybrid Nanostructures[J]. ACS nano, 2020, 14(6): 7055-7065.

[85] YONG M S, XIAN L H, et al. A Bamboo-Inspired Nanostructure Design for Flexible, Foldable, and Twistable Energy Storage Devices[J]. Nano letters, 2015, Vol. 15(6): 3899-3906.

[86] FU J, LIU Q, LIU F K, et al. Design of bionic-bamboo thin-walled structures for energy absorption[J]. Thin-Walled Structures, 2019, Vol. 135: 400-413.

[87] 魏泰,董付刚. 风力发电机组塔架的仿竹结构设计[J]. 兰州理工大学学报, 2023, 49(01): 49-54.

[88] 赵知辛,郭强,黄鸣远,等. 仿竹设计在无人机起落架结构中的应用[J]. 机械科学与技术, 2021, 40(11): 1798-1804.

[89] MA S, TAN H, WANG J, et al. Bamboo-imitated pipes for continuous fiber reinforced polyethylene[J]. Journal of Reinforced Plastics and Composites, 2018, 37(6): 359-365.

[90] YUE Y, HUI W, JING Y M, et al. Flexible fabrication of biomimetic bamboo-like hybrid microfibers[J]. Advanced materials, 2014, Vol. 26(16): 2494-2499.

[91] XUN G, DE J Z, SHU T F, et al. Structural and mechanical properties of bamboo fiber bundle and fiber/bundle reinforced composites: a review[J]. Journal of Materials Research and Technology, 2022, Vol. 19: 1162-1190.

[92] SUPIAN A, JAWAID M, RASHID B, et al. Mechanical and physical performance of date palm/bamboo fibre reinforced epoxy hybrid composites[J]. Journal of Materials Research and Technology, 2021, Vol. 15: 1330-1341.

[93] 冷予冰,陈玲珠,王明谦,等. 工程竹结构建筑:从传统走向现代[J]. 世界科学, 2022, (11): 38-41.

[94] 李坚. 木材科学 [M]. 2版. 北京：高等教育出版社，2002.

[95] 孙德林，计晓琴，王张恒，等. 木陶瓷的研究进展及发展趋势 [J]. 林业工程学报，2020，5 (01)：1-10.

[96] 陈璐，黎阳，刘卫，等. 不同模板取样方式及烧结工艺低温制备 SiC 木材陶瓷 [J]. 中国陶瓷，2019，55 (09)：31-36.

[97] 周明，王成毓. 木材仿生制备生物结构陶瓷研究进展 [J]. 科技导报，2016，34 (19)：111-115.

[98] TONG J, LÜ T, MA Y, et al. Two-body abrasive wear of the surfaces of pangolin scales [J]. Journal of Bionic Engineering, 2007, 4 (2)：77-84.

[99] LIAO G L, ZUO H B, CAO Y B, et al. Optical properties of the micro/nano structures of Morpho butterfly wing scales [J]. Science in China Series E：Technological Sciences, 2010, 53 (1)：175-181.

[100] 李坚，孙庆丰. 大自然给予的启发-木材仿生科学刍议 [J]. 中国工程科学，2014，16 (4)：4-12.

[101] 余先纯，任思静，郝晓峰，等. 碳纤维/层状木材陶瓷的制备与力学性能 [J]. 材料热处理学报，2016，37 (01)：1-6.

[102] 孙德林，郝晓峰，余先纯，等. 碳纤维增强层状木材陶瓷的结构特征与力学行为研究 [J]. 材料导报，2015，29 (20)：51-55.

[103] 任思静，孙德彬，刘明辉. 液化木材/木粉制备木材陶瓷的结构变化研究 [J]. 材料导报，2015，29 (S1)：330-332.

[104] 赵斌，韩丽娟，谢威，等. 木材陶瓷研究现状及应用前景 [J]. 材料导报，2012，26 (S2)：328-331+341.

[105] 张克宏. 木粉/TEOS 杂化材料制备 SiC 木材陶瓷的研究 [J]. 硅酸盐通报，2011，30 (01)：55-60+68.

[106] 杨越飞，杨小翠，向仕龙. 木质陶瓷复合材料的研究现状及发展前景 [J]. 林业机械与木工设备，2009，37 (02)：15-18.

[107] 王箫笛，杨琳. 木材渗透性及其物理改善方法研究进展 [J]. 世界林业研究，2023，36 (04)：59-63.

[108] LI J, YU S, GE M, et al. Fabrication and characterization of biomorphic cellular C/SiC-ZrC composite ceramics from wood [J]. Ceramics International, 2015, 41 (6)：7853-7859.

[109] 计晓琴，孙德林，余先纯，等. Fe~ (3+) 掺杂活化木质素基木材陶瓷的制备及电化学性能 [J]. 材料导报，2019，33 (20)：3390-3395+3407.

[110] 张青松. 固废微粉/聚氨酯复合材料制备及组织和力学性能研究 [D]. 南京：东南大学，2018.

[111] 余先纯，张传艳，孙德林，等. 基于电化学的活化木材陶瓷基体材料制备及性能表征 [J]. 中国粉体技术，2022，28 (02)：79-86.

[112] 张克宏. 木粉/TEOS 杂化材料制备 SiC 木材陶瓷的研究 [J]. 硅酸盐通报，2011，30 (01)：55-60+68.

[113] 张传艳. 松木基木陶瓷的制备及电化学性能研究 [D]. 长沙：中南林业科技大学，2021.

[114] SONG F, SU H, HAN J, et al. Controllable synthesis and gas response of biomorphic SnO_2 with architecture hierarchy of butterfly wings [J]. Sensors and Actuators B：Chemical, 2010, 145 (1)：39-45.

[115] 赵琳，孙炳合，范同祥，等. 模板法制备遗态 Al_2O_3 陶瓷的研究 [J]. 功能材料，2005，7：59-61.

[116] MATOVIC B, NIKOLIC D, LABUS N, et al. Preparation and properties of porous, biomorphic, ceria ceramics for immobilization of Sr isotopes [J]. Ceramics International, 2013, 39 (8)：9645-9649.

[117] GORDIC M, BUCEVAC D, RUZIC J, et al. Biomimetic synthesis and properties of cellular SiC [J]. Ceramics International, 2014, 40 (2)：3699-3705.

参考文献

[118] ORLOVA T S, POPOV V V, CANCAPA J Q, et al. Electrical properties of biomorphic SiC ceramics and SiC/Si composites fabricated from medium density fiberboard [J]. Journal of the European Ceramic Society, 2011, 31 (7): 1317-1323.

[119] LI J, YU S, GE M, et al. Fabrication and characterization of biomorphic cellular C/SiC-ZrC composite ceramics from wood [J]. Ceramics International, 2015, 41 (6): 7853-7859.

[120] 朱振峰, 杨冬, 刘辉, 等. 生物模板法制备多孔陶瓷的研究进展 [J]. 材料导报, 2009, 23 (11): 50-54.

[121] 高书燕, 黄辉. 以生物质为前驱体合成的碳材料在电化学中的应用 [J]. 化学通报, 2015, 78 (9): 778-785.

[122] Li X, ZHAO Z. Time domain-NMR studies of average pore size of wood cell walls during drying and moisture adsorption [J]. Wood Science and Technology, 2020, 54 (5): 1241-1251.

[123] SAITO T, KURAMAE R, WOHLERT J, et al. An ultrastrong nanofibrillar biomaterial: the strength of single cellulose nanofibrils revealed via sonication-induced fragmentation [J]. Biomacromolecules, 2013, 14 (1): 248-253.

[124] Sundberg B, Salmén L. Ultrastructure and mechanical properties of populus wood with reduced lignin content caused by transgenic down-regulation of cinnamate 4-hydroxylase [J]. Biomacromolecules, 2010, 11 (9): 2359-2365.

[125] 赵斌, 韩丽娟, 谢威, 等. 木材陶瓷研究现状及应用前景 [J]. 材料导报, 2012, 26 (S2): 328-331+341.

[126] 孙德林, 郝晓峰, 余先纯, 等. 碳纤维增强层状木材陶瓷的结构特征与力学行为研究 [J]. 材料导报, 2015, 29 (20): 51-55.

[127] 胡丽华, 高建民, 马天, 等. 碳化硅木质陶瓷的显微结构及力学性能 [J]. 硅酸盐学报, 2013, 41 (06): 725-731.

[128] SUN D, YU X, LIU W, et al. Laminated biomorphous SiC/Si porous ceramics made from wood veneer [J]. Materials Design, 2012, Vol. 34: 528-532.

[129] ZHANG J, ZHOU X, HUANG X, et al. Biomorphic Cellular Silicon Carbide Nanocrystal-Based Ceramics Derived from Wood for Use as Thermally Stable and Lightweight Structural Materials [J]. ACS Applied Nano Materials, 2019, 2 (11): 7051-7060.

[130] WEI H Z, YUN S Y, XUE L X, et al. Fabrication of α-Fe/Fe$_3$C/Woodceramic Nanocomposite with Its Improved Microwave Absorption and Mechanical Properties [J]. Materials, 2018, Vol. 11 (6): 878.

[131] 余先纯, 孙德林, 计晓琴. Ni掺杂黑液木质素基活化木材陶瓷的制备与性能研究 [J]. 无机材料学报, 2018, 33 (12): 1289-1296.

[132] CHEN Z, WANG Q, ZHANG X, et al. N-doped defective carbon with trace Co for efficient rechargeable liquid electrolyte-/all-solid-state Zn-air batteries [J]. Science Bulletin, 2018, 63 (9): 548-555.

[133] SUN D, YU X, JI X, et al. Nickel/woodceramics assembled with lignin-based carbon nanosheets and multilayer graphene as supercapacitor electrode [J]. Journal of Alloys and Compounds, 2019, Vol. 805: 327-337.

[134] GOMEZ I, LIZUNDIA E. Biomimetic Wood - Inspired Batteries: Fabrication, Electrochemical Performance, and Sustainability within a Circular Perspective [J]. Advanced Sustainable Systems, 2021, 5 (12): 2100236.

[135] YU Z, YANG N, ZHOU L, et al. Bioinspired polymeric woods [J]. Science Advances, 2018, 4 (8): eaat7223-eaat7223.

[136] HAI Q J, LONG T, LING L W, et al. Blackberry morphology inspired superhydrophobic poplar scrimber

with superstrong UV-resistant, self-healing and reversible properties [J]. Applied Surface Science, 2023, 639.

[137] 吴智慧, 商宝龙, 徐伟. 聚氨酯仿木材料的特性及其在家具中的应用 [J]. 林产工业, 2010, 37 (06): 39-43.

[138] 李坚, 孙庆丰. 大自然给予的启发——木材仿生科学刍议 [J]. 中国工程科学, 2014, 16 (04): 4-12+2.

[139] RISING A, JOHANSSON J. Toward spinning artificial spider silk [J]. Nature Chemical Biology, 2015, Vol. 11(5): 309-315.

[140] ZHU H, SUN Y, YI T, et al. Tough synthetic spider-silk fibers obtained by titanium dioxide incorporation and formaldehyde cross-linking in a simple wet-spinning process [J]. Biochimie, 2020, 175: 77-84.

[141] SALEHI S, KOECK K, SCHEIBEL T. Spider Silk for Tissue Engineering Applications [J]. Molecules, 2020, 25 (3).

[142] BANDYOPADHYAY A, CHOWDHURY S K, DEY S, et al. Silk: A Promising Biomaterial Opening New Vistas Towards Affordable Healthcare Solutions [J]. Journal of the Indian Institute of Science, 2019, Vol. 99(3): 1-43.

[143] XU Z, GAO W, BAI H. Silk-based bioinspired structural and functional materials [J]. Iscience, 2022, 25 (3).

[144] ZHANG F, LU Q, YUE X, et al. Regeneration of high-quality silk fibroin fiber by wet spinning from $CaCl_2$-formic acid solvent [J]. Acta Biomaterialia, 2015, Vol. 12: 139-145.

[145] WANG J, LIU X, LIU F, et al. Numerical optimization of the cooling effect of the bionic spider-web channel cold plate on a pouch lithium-ion battery [J]. Case Studies in Thermal Engineering, 2021, 26.

[146] LI H, DU Z. MXene Fiber-based Wearable Textiles in Sensing and Energy Storage Applications [J]. Fibers and Polymers, 2023, Vol. 24 (4): 1167-1182.

[147] GU Y, YU L, MOU J, et al. Mechanical properties and application analysis of spider silk bionic material [J]. E-Polymers, 2020, Vol. 20 (1): 443-457.

[148] ALVES S, BABCINSCHI M, SILVA A, et al. Integrated Design Fabrication and Control of a Bioinspired Multimaterial Soft Robotic Hand [J]. Cyborg and Bionic Systems, 2023, 4.

[149] WHITTALL D R, BAKER K V, BREITLING R, et al. Host Systems for the Production of Recombinant Spider Silk [J]. Trends Biotechnol, 2021, Vol. 39 (6): 560-573.

[150] CUI J, LU T, LI F, et al. Flexible and transparent composite nanofibre membrane that was fabricated via a "green" electrospinning method for efficient particulate matter 2. 5 capture [J]. J Colloid Interface Sci, 2021, Vol. 582: 506-514.

[151] WAN HY, CHEN YT, LI GT, et al. Electroactive aniline tetramer-spider silks with conductive and electrochromic functionality [J]. RSC Advances, 2022, Vol. 12 (34): 21946-21956.

[152] 陈格飞. 蛛丝蛋白 MiSp 全长基因克隆、表达及结构和功能研究 [D]. 上海: 东华大学, 2014.

[153] 许箐. 再生蜘蛛丝的成丝方法及其结构与性能 [D]. 苏州: 苏州大学, 2005.

[154] 万军军. 以丝蛋白质为模型研究蜘蛛丝仿生纺丝技术 [D]. 上海: 东华大学, 2004.

[155] 鲁丽. 丝素蛋白/纳米纤维素仿生纤维的制备、结构与性能研究 [D]. 上海: 东华大学, 2021.

[156] 许兰杰. 神奇的"生物钢"——仿蜘蛛丝纤维 [J]. 江苏丝绸, 2006, (02): 6-8.

[157] 温睿. 三种蜘蛛丝蛋白基因结构及仿生蛛丝的性能研究 [D]. 上海: 东华大学, 2020.

[158] 赵兵. 含蜘蛛丝蛋白的新型蚕丝的特色性能及其再生膜材料研究 [D]. 重庆: 西南大学, 2021.

[159] 刘全勇, 江雷. 仿生学与天然蜘蛛丝仿生材料 [J]. 高等学校化学学报, 2010, 31 (06): 1065-1071.

参考文献

[160] 张鸿昊. 超强再生丝素蛋白纤维及其形成机理 [D]. 厦门：厦门大学，2018.

[161] 王振林，闫玉华，万涛，等. 羟基磷灰石/胶原类骨仿生复合材料的制备及表征 [J]. 复合材料学报，2005.

[162] 苏瑾，赵丹雷，王浩则，等. 可降解骨植入物增材制造技术的研究进展 [J]. 中华骨与关节外科杂志，2021，14.

[163] 王艳. 柞蚕丝丝素骨仿生复合材料的制备与研究 [D]. 郑州：中原工学院，2010.

[164] 陆林. 功能化仿生矿化丝素纤维/壳聚糖三维支架对骨缺损修复作用的实验研究 [D]. 武汉：华中科技大学，2022.

[165] 王旻，姜楠，祝颂松. 新型钛表面微纳米共存梯度仿生结构对骨髓间充质细胞黏附、增殖及成骨分化的影响 [J]. 口腔疾病防治，2021，29.

[166] 曾紫超. PVDF基压电骨支架的仿生制备及其性能研究 [D]. 赣州：江西理工大学，2022.

[167] 邵伟力. 丝素纳米纤维骨仿生复合材料的构建及应用 [D]. 天津：天津工业大学，2016.

[168] 王兆宜，尹大刚，祝文静，等. 骨的多级结构及其仿生研究 [J]. 价值工程，2018，37.

[169] 田惠芸. 仿骨材料的合成及其在脱除重金属方面的应用 [D]. 天津：天津理工大学，2011.

[170] 岑超德，罗聪. 可降解组织工程骨材料及其血管化研究：问题与应用前景 [J]. 中国组织工程研究，2014，18.

[171] 马新芳，张静莹. 骨组织工程支架材料的研究现状与应用前景 [J]. 中国组织工程研究，2014，18.

[172] 王笑寒. 具有韧性增强、刚度可变特征的航天器抗冲击仿生结构研究 [D]. 长沙：国防科技大学，2020.

[173] 肖渝，李彦林，高寰宇，等. α-磷酸三钙骨移植材料在骨科领域应用的研究与进展 [J]. 中国组织工程研究，2016，20.

[174] 欧阳健明，陈德志，李祥平. 生物矿化在仿生材料领域的研究进展 [J]. 材料导报，2004.

[175] 刘盼. 骨及相关生物材料微纳米力学性能的研究 [D]. 武汉：武汉大学，2019.

[176] 徐向阳. 基于全场变形测量的材料力学性能多参数分析方法 [D]. 南京：东南大学，2022.

[177] 李文洲，解琪琪，史卫东，等. 骨骼内分泌功能研究进展 [J]. 生命科学研究，2018，22.

[178] 杨湘俊，陈俊宇，朱舟等. PCL基复合骨组织工程支架研究现状及发展 [J]. 中国生物医学工程学报，2021，40.

[179] 邹霓. 骨组织工程人工合成支架材料的研究现状 [J]. 中国组织工程研究与临床康复，2008.

[180] 林思铖，刘佳. 干细胞外泌体治疗骨再生的研究现状与展望 [J]. 生物医学转化，2023，4.

[181] 齐军强，王浩田，肖冰，等. 羟基磷灰石/聚合物骨修复材料的特性及问题 [J]. 中国组织工程研究，2023，28.

[182] 李可. 仿生加载生物反应器研制及关节软骨力学行为分析 [D]. 天津：天津理工大学，2018.

[183] 牛小连. 仿生矿化静电纺聚酰胺纳米纤维骨组织工程支架研究 [D]. 太原：太原理工大学，2021.

[184] 徐炎安，彭海涛，曾清明，等. 聚多巴胺仿生法制备羟基磷灰石涂层对多孔钽骨整合影响的体内研究 [J]. 创伤外科杂志，2020，22.

[185] 陈凡，周堉涵，毛根稳，等. 基于成人膝关节骨软骨复合体微结构特征参数设计仿生骨软骨支架的实验研究 [J]. 山西医科大学学报，2021，52.

[186] 哈玉杰. 骨微结构仿生的双载药纳米纤维支架的构建及骨缺损修复研究 [D]. 上海：东华大学，2022.

[187] 赵士明. 仿生密质骨支架微孔管网构建及内部流场研究 [D]. 秦皇岛：燕山大学，2022.

[188] 刘建恒，李明，刘钟阳，等. 3D打印多孔矿化胶原-硫酸钙仿生组织工程骨修复兔股骨髁包容性骨缺损的实验研究 [J]. 创伤外科杂志，2020，22.

[189] 刘小元，张凯，韩祥祯，等. 3D 打印复合 PVA 骨组织工程支架研究现状［J］. 口腔疾病防治，2020，28.

[190] 周思佳，姜文学，尤佳. 骨缺损修复材料：现状与需求和未来［J］. 中国组织工程研究，2018，22.

[191] REN L Q, TONG J, LI J Q, et al. Soil adhesion and biomimetics of soil-engaging components: a review［J］. J. Agric. Engng Res, 2001, 79 (3): 239-263.

[192] ZHANG Y, HE F, ZHANG Q, et al. 3D-Printed Flat-Bone-Mimetic Bioceramic Scaffolds for Cranial Restoration［J］. Research. 2023, 6: 0255.

[193] ZHAO Y, ZHENG J, XIONG Y, et al. Hierarchically Engineered Artificial Lamellar Bone with High Strength and Toughness［J］. Small Structures, 4 (3): 2200256.

[194] KOYAMA M, ZHANG Z, WANG M, et al. Bone-like resistance in hierarchical metastable nanolaminate steels［J］. Science, 2017, 355, 1055-1057.

[195] QU H, HAN Z, CHEN Z, et al. Fractal Design Boosts Extrusion-Based 3D Printing of Bone-Mimicking Radial-Gradient Scaffolds［J］. Research, 2021, 9892689.

[196] ZHANG H, ZHANG M, ZHAI D, et al. Polyhedron-like biomaterials for innervated and vascularized bone regeneration［J］. Advanced Materials 2023, 35 (42): 2302716 (1-14).

[197] ZHANG M, LIN R, WANG X, et al. 3D printing of Haversian bone-mimicking scaffolds for multicellular delivery in bone regeneration［J］. Science Advances, 2020, 6 (12): eaaz6725.